HERMANN MINKOWSKI
BRIEFE AN DAVID HILBERT

Mit Beiträgen und herausgegeben von
L. Rüdenberg und H. Zassenhaus

Mit 43 Abbildungen

Springer-Verlag Berlin Heidelberg New York 1973

AMS Subject Classification (1970): 01 A 70

ISBN-13: 978-3-540-06121-2   e-ISBN-13: 978-3-642-65534-0
DOI: 10.1007/978-3-642-65534-0

Vorwort

Die hier vorliegenden Briefe meines Vaters, des Mathematikers HERMANN MINKOWSKI, an seinen Studienkamerad und Freund DAVID HILBERT, geben einen wertvollen Einblick in die menschliche und mathematisch-wissenschaftliche Verbundenheit der beiden Wissenschaftler. Sie umspannen die Jahre 1885 bis 1908, geben also ein Bild vom 21sten Lebensjahre bis zum allzu frühen Tode meines Vaters.

DAVID HILBERT hat diese Briefe seines Freundes gesammelt. Es finden sich darin einige dicke Striche am Rand des Textes, zuweilen auch Unterstreichungen, die nicht von der Hand des Schreibers herrühren dürften. Sie stammen vermutlich von HILBERT selbst und beziehen sich auf die von ihm geplanten Folgerungen und Antworten. Diese gesammelten Briefe hat Frau KÄTHE HILBERT ungefähr 1930 an meine Mutter gegeben mit der Bitte, daß statt dessen meine Mutter die von meinem Vater mit derselben Sorgfalt gesammelten Briefe HILBERTS an sie zurückgeben möchte. Leider sind letztere Briefe nicht abgeschrieben worden, solange sie in unseren Händen waren.

Hingegen wurden die Briefe meines Vaters vervielfältigt und sind danach von meiner Mutter dem Mathematischen Institut der Universität Göttingen übergeben worden. Diese Originale befinden sich jetzt in der Niedersächsischen Staats- und Universitätsbibliothek in Göttingen. Zu meinem großen Bedauern sind HILBERTS Briefe trotz eifrigster Bemühungen nicht auffindbar und müssen leider als verloren angesehen werden. Die erhaltenen MINKOWSKI-Briefe jedoch geben auch ohne die Gegenbriefe HILBERTS ein klares Bild von dem Wachsen der Freundschaft, von der persönlichen Entwicklung der Schreibenden, von dem wachsenden Austausch ihrer Gedanken und der Gemeinsamkeit ihrer fachlichen Interessen.

Die fehlenden Briefe HILBERTS waren nur zum Teil direkte Antworten auf die Briefe seines Freundes; soweit ich mich erinnern kann, waren sie im ganzen menschlich und mathematisch weniger aufschlußreich als die hier folgende Briefsammlung. Wieviel dieser Gedankenaustausch und die menschliche Freundschaft für HILBERT bedeutet hat, dürfte wohl weniger in seinen verlorenen Briefen Ausdruck gefunden haben, als in den warmen und schönen Worten, die er seinem frühverstorbenen Freund in der Gedächtnisrede gewidmet hat, die er am 1. Mai 1909 bei der Sitzung der k. Gesellschaft der Wissenschaften zu Göttingen gehalten hat.

Eine lebhafte und treffende Schilderung des gemeinsamen Lebens der beiden Mathematiker in Göttingen von 1902—1908 findet sich in der HILBERT-Biographie von Mrs. CONSTANCE REID (Springer-Verlag 1970).

Alle erwähnten Gründe haben mich bewogen, die gesammelten Briefe meines Vaters trotz des Verlustes der Antwortbriefe HILBERTS der Öffentlichkeit zugänglich zu machen. In der Suche nach einem Herausgeber wurde ich von befreundeten Mathematikern beraten. Die Wahl fiel naturgemäß auf Professor HANS ZASSENHAUS, der mir als großer Kenner der hier in Betracht kommenden Gebiete und als Bewunderer der Werke und der Persönlichkeit meines Vaters bekannt war. In Erinnerung an HERMANN MINKOWSKI war er bereit, diese mühevolle Arbeit auf sich zu nehmen. Es ist mir ein aufrichtiges Bedürfnis, Herrn Professor ZASSENHAUS auch an dieser Stelle meinen wärmsten Dank auszusprechen.

Belmont, Massachusetts, USA
September 1972

LILY RÜDENBERG

Inhaltsverzeichnis

Einleitung: Erinnerungen an H. Minkowski

Von Lily Rüdenberg

Als älteste Tochter von Hermann Minkowski, die ihren sehr liebevollen Vater im Alter von 10 Jahren verloren hat, kann ich aus Erinnerung nur einige kindliche persönliche Erlebnisse beitragen. Nur wenige Verwandte und Freunde, die meinen Vater gut gekannt haben oder über die Familie Minkowski berichten könnten, weilen noch unter den Lebenden.

So möchte ich zur Festlegung persönlicher Daten zwei Lebensläufe aus meines Vaters hinterlassenen Schriften vorlegen. Der erste ist abgefaßt anläßlich seiner Versetzung als außerordentlicher Professor nach Königsberg, der zweite, wohl eine Zusammenfassung von der Hand meines Vaters, anläßlich seiner Ernennung zum ordentlichen Professor in Göttingen.

„Ich, Hermann Minkowski, mosaischer Confession bin geboren am 22. Juni 1864 zu Alexoten in Russland als Sohn von Lewin Minkowski (gest. 1884) und Rahel geb. Taubmann.

1872 wurde mein Vater mit seiner Familie in Preussen naturalisiert. Ich diente Oct. 1885—1886 als Einjährig-Freiwilliger, gegenwärtig gehöre ich als Unteroffizier zur Landwehr I. Aufgebots.

Von 1872 besuchte ich das Altstädtische Gymnasium zu Königsberg i. Pr., ich verliess es März 1880 mit dem Zeugnis der Reife. Darauf habe ich mich 5 Semester in Königsberg, 3 Semester in Berlin des Studiums der Mathematik beflissen. Den 30. 7. 1885 wurde ich von der phil. Fakultät in Königsberg zum Doctor der Philosophie promoviert auf Grund der Dissertation: „Untersuchungen über quadratische Formen" (Acta Math. Bd. 7).

Den 15. 4. 1887 habilitierte ich mich in der phil. Fakultät zu Bonn als Privatdozent für Mathematik, als Habilitationsschrift dienten zwei Aufsätze:

„Über den arithmetischen Begriff der Aequivalenz" und
„Zur Theorie der positiven Formen" (Crelles Journal, Bd. 100 und 101).

Am 12. 8. 1892 wurde ich zum ausserordentlichen Professor an der philosophischen Fakultät zu Bonn ernannt; zum 1. 4. 1894 wurde ich in die philosophische Fakultät der Universität Königsberg versetzt.

Von meinen Publikationen sind als für meinen Entwicklungsgang bezeichnend, nämlich als diejenigen, in welchen ich mich bestimmten grösseren Gebieten in der Mathematik: a) Zahlentheorie, b) Mechanik, c) Algebra, d) Geometrie und Functionslehre zuwende, die folgenden zu nennen."
Diese Liste befindet sich nicht in meinem Besitz.

„HERMANN MINKOWSKI, geboren am 22. Juni 1864 zu Alexoten in Russland, besuchte von 1872—1880 das Altstädtische Gymnasium zu Königsberg i. Pr., studierte von Ostern 1880 Mathematik, 5 Semester in Königsberg i. Pr. unter HEINRICH WEBER, 3 Semester in Berlin unter KRONECKER und WEIERSTRASS.

Am 30. Juli 1885 promovierte M. in Königsberg i. Pr., den 15. 4. 1887 habilitierte er sich in Bonn und wurde dortselbst am 12. 8. 1892 zum ausserordentlichen Professor ernannt. Zum April 1894 nach Königsberg versetzt, wurde M. dort am 18. 3. 1895 zum ordentlichen Professor ernannt. Aus diesem Amte schied M. am 12. October 1896 aus, um einem Rufe als Professor für Mathematik an das eidgenössische Polytechnikum in Zürich zu folgen, in welcher Stellung er bis zum Herbst 1902 verblieb. Am 7. Juli 1902 erfolgte die Ernennung zum ordentlichen Professor in Göttingen."

Nur sieben Jahre, erfüllt von reichem, befriedigendem Schaffen, waren ihm dort vom Schicksal gegönnt. Auf der Höhe seines Wirkens wurde er ganz unerwartet in wenigen Tagen, am 12. Januar 1909, von einer Blinddarmentzündung dahingerafft, die von den Ärzten zu spät erkannt worden war.

Über die Vorfahren der Familie MINKOWSKI und das Familienleben im elterlichen Hause berichtet meines Vaters Schwester FANNY in einer kleinen Schrift, die sie für privaten Gebrauch in hohem Alter selbst verfaßt hat.

Hiernach kann der Vater LEWIN MINKOWSKI seine Abstammung zurückführen auf BARUCH BEN JAKOB aus Shklow (1752—1810). Dieser war Rabbi wie seine Vorfahren, deren Wirken sich bis ins 16. Jahrhundert verfolgen läßt. Jedoch hat er, nach kurzer Tätigkeit als Dajjan (d. i. Richter) in Minsk, in England Medizin studiert. Zu seinen Werken zählen Übersetzungen und Kommentare über astronomische, medizinische und mathematische Themen. So veröffentlichte er 1780 eine Übersetzung der sechs ersten Bücher des EUKLIDES aus dem Griechischen ins Hebräische. In seinen letzten Lebensjahren wirkte er als Dajjan in Sluzk und zugleich als Privatarzt des Fürsten RADZIWILL. Einer seiner Enkel, ISAAK BEN AARON, nahm zur Zeit des Zaren NIKOLAUS I. den Namen MINKOWSKI an.

FANNY MINKOWSKI schreibt, daß dessen Sohn BARUCH, ihr Großvater, in Wilna als Getreidehändler gelebt hat. LEWIN MINKOWSKI, der älteste Sohn von BARUCH, dessen Gemahlin im Kindbett starb, ist bei Verwandten in Südrußland erzogen worden, hat also eine klimatisch begünstigte Jugend durchlebt. Jedoch war dort wenig Gelegenheit zu geregeltem Schulbesuch. Laut FANNY hat er sich im wesentlichen als Autodidakt eine erhebliche Bildung erworben.

In den 40er Jahren des 19ten Jahrhunderts begleitete BARUCH seinen erst 18jährigen Sohn LEWIN auf Brautschau nach Shakinow in Litauisch-Polen, wo die 16jährige Auserwählte, RAHEL TAUBMANN, ein schlichtes Mädchen von dörflicher Bodenständigkeit, als Tochter eines Getreidehändlers aufwuchs. Die Eltern TAUBMANN sind in späteren Jahren nach Memel gezogen und preußische Untertanen geworden.

Zunächst lebte das junge Paar nach der Hochzeit im Hause TAUBMANN in Shakinow, wo der älteste Sohn MAXIM geboren wurde. Später bezogen sie ein Haus in dem malerischen Alexoten, einem Dörfchen am Ufer des Njemen, dem Kownower Ufer gegenüberliegend. Hier in Alexoten sind OSCAR (1858), FANNY (1863) und HERMANN (1864) zur Welt gekommen. Einige ältere, jung dahingeraffte Geschwister und wohl auch der sehr viel jüngere Bruder TOBY scheinen im Leben meines Vaters für seine Entwicklung keine wesentliche Rolle gespielt zu haben.

Der älteste Bruder MAX wurde, bedingt durch die Studienbeschränkungen für Juden in Rußland, mit 9 Jahren nach Insterburg aufs Gymnasium gesandt und danach zum Abschluß der Reifeprüfung auf eine Handelsschule in der schönen Stadt Danzig, wo er ein hervorragender Schüler war. Es war dann sein Wunsch, Kaufmann zu werden. Seine erste Stellung fand er in einer französischen Speditionsfirma in Petersburg. Auf vielen Geschäftsreisen hat er Gelegenheit gehabt, seinen Kunstsinn zu entwickeln und die ersten Kunstschätze für seine Sammlung unter geringen Kosten zu erwerben. Später war er in Bukarest tätig. 1878 folgte er seinem Vater nach Königsberg i. Pr. und trat in dessen Geschäft ein. Nach seiner Verheiratung mit LEOSIA MORGENSTERN lebte er in seinem schönen Haus in

Maraunenhof, einem Vorort von Königsberg, das mit seinen Sammlungen von alten Danziger Möbeln, orientalischen Teppichen und französischen Kunstschätzen wie ein Museum wirkte. Es war ein Sammelpunkt für interessante Zeitgenossen und Künstler. Als französischer Konsul und Kunstmäzen gehörte er zu den einflußreichen Bürgern der Stadt. An seinen Nichten und Neffen nahm er warmherzigen, väterlichen Anteil, da seine eigene Ehe kinderlos war. Er starb einige Jahre nach Beendigung des ersten Weltkrieges. Seine mannigfachen geschäftlichen Unternehmungen schienen ihm im allgemeinen weniger am Herz zu liegen als seine Kunstsammlung. Dies entspricht auch FANNYS Ansicht, denn sie schreibt: „Die MINKOWSKI's die ich kenne sind alle keine kaufmännischen Genies gewesen. Wenn ihnen auf diesem Gebiete manchmal etwas gelang, so geschah es dank ihrer Phantasie."

Die Jugend von OSCAR, der 1858 in Alexoten geboren wurde, fiel in die Zeit der polnischen Aufstände mit all ihren Greueln und später in die der beginnenden Gärung des Nihilismus. Viele der aufregenden Geschehnisse hat er als Knabe bewußt miterlebt. Er fand zwar mit 10 Jahren als erster Jude Aufnahme im Kownower Gymnasium, wo er ohne viel Arbeit durch konzentrierte Aufmerksamkeit glänzende Erfolge erzielte. Jedoch mag die Sorge um die Wirkung der schlimmen Eindrücke der Zeitereignisse auf ihren begabten Sohn viel dazu beigetragen haben, die Eltern MINKOWSKI zu dem Entschluß zu bewegen, in das freiere friedliche Nachbarland überzusiedeln.

Von früher Jugend an war OSCAR stets ausgezeichnet durch schnelle Auffassungsgabe, durch einen kritischen Verstand und ein vorzügliches Gedächtnis. Diese Eigenschaften haben ihn befähigt, neue, selbständige Wege in der Medizin einzuschlagen, in vieler Hinsicht seinen Zeitgenossen weit voraus. Hinzu kam noch seine chirurgische Geschicklichkeit, die den Erfolg seiner Experimente gewährleistete. Als Mensch war er geistig anspruchsvoll, hart gegen Zimperlichkeit und Feigheit, jedoch gütig und aufopfernd besorgt, wenn Hilfe nötig schien.

Unter seinen Arbeiten haben wohl die Forschungen über Diabetes den größten Einfluß gehabt; bahnbrechend war 1889 seine Entdeckung des Zusammenhangs zwischen Diabetes und Pankreasfunktion. Als Universitätslehrer und Kliniker bildete er mit Freude und Erfolg in späteren Jahren eine große Anzahl von Schülern aus.

Auch die Schwester FANNY wurde in Alexoten geboren, im Jahre 1883. Sie hatte glücklichere Erinnerungen an das Haus in der Außenstadt von Kowno, das die Familie 5—6 Jahre später bezog. Das große Haus mit seinen Speichern, den Tiefkeller für das Njemen-Eis, den schönen Garten, all dies schildert FANNY als verwunschenes Kinderparadies. Auch die Spaziergänge am Njemenufer und die ersten Schuljahre in Kowno beglückten sie mehr als das Schulleben in Königsberg, wo sie vom Alter von $9^1/_2$ Jahren ab die städtische Königin-Luise-Schule besuchte. Trotz ihrer Begabung hatte FANNY wenig Ehrgeiz, sich für einen Beruf vorzubereiten und war Zeit ihres Lebens gegen das Frauenstudium eingestellt. Sie hatte viele Interessen literarischer und künstlerischer Art und sprach mehrere Sprachen. Nach dem Tode der Eltern lebte sie meist bei ihrem Bruder MAX, war auch viel auf Reisen. Nach dem plötzlichen Ableben von HERMANN, an dem sie mit besonderer Liebe hing, zog sie nach Göttingen zu meiner Mutter, um so der plötzlich Alleinstehenden im Haushalt und in der Erziehung der beiden Töchter zur Seite zu stehen. Wenige Jahre später zog sie mit uns nach Berlin und folgte Anfang der 1940er Jahre meiner Mutter nach USA, wo sie bis 1954, zuletzt in einem Heim in Kalifornien, gelebt hat.

Fanny war erfüllt von größter Bewunderung für ihre Brüder. Es mag der Vergleich mit diesen Brüdern gewesen sein, der ihr die Wahl eines Ehegatten unmöglich gemacht hat, so daß sie unverheiratet geblieben ist.

Mit besonderer Liebe und Bewunderung erzählt FANNY von ihrem 14 Monate jüngeren Bruder HERMANN. Er habe schon mit drei Jahren für sie einen unendlichen Zauber gehabt, schon damals sei die Harmonie seines Wesens und seine Ausgeglichenheit auffällig gewesen. Sein durch nichts getrübtes Kinderleben habe es ihm ermöglicht, den Wechsel von Rußland nach Deutschland als selbstverständlich hinzunehmen.

HERMANN war etwas über 8 Jahre, als er auf das Altstädtische Gymnasium kam. In einer der unteren Klassen soll der Lehrer bei einem Rechenexempel an der Tafel stecken geblieben sein, als die ganze Klasse rief: „MINKOWSKI, hilf!" — Da HERMANN ein hervorragender Schüler war, hat er verschiedene Male ein Schuljahr in einem halben Jahr absolviert, so daß er schon mit $15^3/_4$ Jahren das Reifezeugnis erhielt. Begabung und Interesse für Mathematik zeichneten ihn schon in den Schuljahren aus. Seine Liebe für die Werke der großen Dichter und Dramatiker SHAKESPEARE, GOETHE und SCHILLER hat es mit sich gebracht, daß er viele ihrer Werke auswendig deklamieren konnte. So hat er als Junge in der Familie SHAKESPEAREsche Helden personifiziert. Im späteren Leben waren ihm die Worte aus Faust I stets gegenwärtig. Es ist mir unvergeßlich, daß er uns Kindern Schillersche Balladen vorgetragen hat. Der Eindruck der dramatischen Vorgänge im „Ring des Polykrates", im „Taucher" und in den „Kranichen des Ibykus" ist unauslöschlich.

Wenig Beziehung hatte er zu Musik, obschon er wünschte, daß seine Familie musizierte. So soll einmal in einem Konzert meine Mutter zu meinem Vater gesagt haben „War das nicht wunderschön?", worauf sie die Antwort erhielt „Ach, mir ist grade etwas so schönes Mathematisches eingefallen."

Seine Befähigung in mathematischer Hinsicht zeigte sich zu Beginn seines Universitätsstudiums. Er erhielt im ersten Semester eine Geldprämie, die für die Lösung einer mathematischen Aufgabe durch Studenten ausgesetzt war. Die Familie erfuhr von diesem Erfolg erst viele Jahre später durch den Bruder eines notleidenden Mitstudenten, an den er die Summe weitergegeben hatte, um während einer Krankheit zu helfen. Diese Bescheidenheit und Hilfsbereitschaft hat ihn sein ganzes Leben hindurch ausgezeichnet.

Ostern 1881 stellte die Pariser Akademie als Preisaufgabe das Problem der Zerlegung der ganzen Zahlen in eine Summe von fünf Quadraten. Dem siebzehnjährigen Studenten ist es gelungen, die gestellte Aufgabe in erweiterter allgemeinerer Form zu lösen. Diese Arbeit „Mémoire sur la théorie des formes quadratiques à coefficients entiers" wurde mit dem Motto „Rien n'est beau que le vrai, le vrai seul est aimable" (La Rochefoucauld) entgegen den Bestimmungen in deutscher Sprache eingereicht. Trotz dieser Unregelmäßigkeit erteilte die Kommission dem jungen Mathematiker den Preis in Anerkennung der Bedeutung der Abhandlung. Eine Woche nach Absendung der Arbeit schreibt Hermann an seinen Bruder Oscar einen übermütig fröhlichen Brief:

„Wenigstens rührte ich bis gestern keine Feder an, sondern hielt einen siebentägigen, nur von häufigen Butterbröten, Spaziergängen und Beefsteaks unterbrochenen Schlaf." Er freut sich vor allem, daß die Geschwister ihn nun nicht mehr necken können, daß die Arbeit nicht zur Zeit fertig würde.

„Zwar muss ich zugeben, dass ich selbst keineswegs mit derselben Bestimmtheit, mit welcher ich mich allen Anderen gegenüber aussprach, wirklich auf ein Fertigwerden rechnete. Indessen lag dieses nicht etwa an einem Mangel von Selbstvertrauen bei mir, es hatte vielmehr nur den einen Grund, dass ich mir überhaupt über den schliesslichen Ausgang wenig Kopfzerbrechen machte, sondern mich mit dem Arbeiten begnügte und alles weitere der Zukunft oder dem sogenannten Schicksal überliess."

Da er sehr bescheiden war und immer bemüht, seiner Familie so wenig wie möglich zur Last zu fallen, so entschied er sich für eine Auszahlung des Preises in Geld. Sehr unglücklich war er über die der Preiserteilung folgenden unbegründeten Angriffe und Verdächtigungen der chauvinistischen französischen Presse, die es nicht wahrhaben wollte, daß ein junger deutscher Student eine Aufgabe lösen konnte, um die sich der bekannte englische Zahlentheoretiker H. SMITH bemüht hatte. Die französischen Akademiker JORDAN, BERTRAND und HERMITE verteidigten die Originalität der Arbeit rückhaltlos und ermutigten ihn, weiter Bedeutendes zu leisten.

Rückblickend auf seine schnelle Absolvierung der höheren Schulklassen und auf sein erfolgreiches Universitätsstudium in relativ jugendlichem Alter hat er wohl zuweilen ein wenig seine Frühreife bedauert, denn er habe dadurch doch wenig Zeit gehabt für den jugendlichen Übermut und die Sorglosigkeit der Mehrzahl seiner Altersgenossen.

Die Freundschaft, die HERMANN MINKOWSKI und DAVID HILBERT verbunden hat, geht auf die gemeinsame Studentenzeit zurück. Obschon HILBERT zwei Jahre älter war, begann er sein Mathematikstudium $1/2$ Jahr später. HILBERT bestand sein Doktorexamen am 11. Dezember 1884; bei der Inauguraldissertation von MINKOWSKI am 30. Juli 1885 sind als Opponenten in der Verteidigung der Thesen genannt: Herr Dr. DAVID HILBERT und Herr EMIL WIECHERT, Stud. Math. Schon in diesen Jahren haben die beiden Freunde alle mathematischen Gedanken und Probleme rückhaltlos miteinander ausgetauscht und besprochen. Bereichert wurde dieser Gedankenaustausch noch durch den 1884 als Extra-Ordinarius nach Königsberg berufenen ADOLF HURWITZ.

Seinen Sonderdruck „Über eine allgemeine Gattung irrationaler Invarianten und Covarianten für eine binäre Grundform geraden Grades" überreicht HILBERT seinem Freund Ende 1885 mit der Widmung: „Seinem Freunde und Collegen in engstem Sinne, HERMANN MINKOWSKI, mit freundlichen Weihnachtsgrüssen."

Aus meinen persönlichen Erfahrungen möchte ich noch einige kleine Bemerkungen hinzufügen. Mein Vater spricht in seinen Briefen nur wenig von seiner Braut und später von seiner Frau. Da meine Mutter aus Kaufmannskreisen stammte, war es zunächst nicht leicht für sie, sich der neuen Umgebung anzupassen. In Zürich zählte die Familie HURWITZ, wo die Väter sich nahe standen, und unsere Nachbarn, die Familie des Gehirnanatomen VON MONAKOW, in dessen

Frau meine Mutter eine liebevolle Beraterin hatte, zu unseren nächsten Freunden. Schon in Zürich hat meine Mutter es verstanden, sich mit HILBERTS Frau KÄTHE anzufreunden. In der Göttinger Zeit waren es nicht nur die Väter, sondern die Familien, die eng verknüpft waren. Ich erinnere viele Besuche bei „Tante" HILBERT, bei denen „Onkel" HILBERT, der an einer Wandtafel in der Pergola arbeitete, nicht gestört werden durfte. Sonntags wurden gemeinsame Ausflüge in der schönen Umgebung, nach der Plesse oder Mariaspring, unternommen und die beiden Freunde wanderten zusammen, in tiefem Gespräch, die Hände auf dem Rücken verschränkt. Ich habe oft die warme Anteilnahme meiner Mutter an allen Freunden und Schülern, die meinem Vater nahe standen, bewundert. Es ist ihr gelungen, diese Verbindungen in ihrer Witwenzeit aufrechtzuerhalten.

Da ich mich selbst immer für alles Naturwissenschaftliche interessiert habe, sind mir gerade diesbezügliche Erlebnisse in Erinnerung geblieben. So sehe ich meinen Vater auf dem Sofa liegend, da er Hexenschuß hatte, ein Buch über Radium lesend. Bei dieser Gelegenheit hat er mir in begeisterten Worten von der Entdeckung des Radiums und besonders von Madame CURIE erzählt. — Einmal durfte ich mit ihm in das mathematische Institut der Universität gehen, um dort die Apparate zu bewundern, die in den verschiedensten bunten Farben interessante Kurven zeichnen konnten. — Als ein heller Komet am Himmel am frühen Abend sichtbar war, — es war damals kalter Winter — ist mein Vater mit mir und meiner Schwester auf ein Feld am Stadtrand gegangen, um uns das Wunder des Sternenhimmels durch ein Fernglas zu zeigen.

Ehrfurcht vor den Wundern der Natur und Streben nach äußerster Wahrhaftigkeit sind das Leitmotiv unserer Erziehung gewesen, zu seinen Lebzeiten und später in seinem Andenken.

Zur Vorgeschichte des Zahlberichts

Von Hans Zassenhaus

Auf der Jahrestagung der Deutschen Mathematiker-Vereinigung im September 1893 wurden die Herren D. Hilbert und H. Minkowski mit der Abfassung eines Berichtes über die Entwicklung der neueren Zahlentheorie beauftragt.

Aus den mannigfaltigen Anspielungen in den uns erhaltenen Briefen Minkowskis an Hilbert[1] läßt sich entnehmen, daß Minkowski sich bis etwa zu dem kritischen Briefe vom 10. Februar 1896 aktiv an dem Referat beteiligt hat.

Aus den im Minkowskischen Nachlaß befindlichen Aufzeichnungen über den Zahlbericht sowie dem noch erhaltenen Literaturverzeichnis läßt sich schließen, daß Hermann Minkowski mit der Aufgabe, die Entwicklung der Zahlentheorie einschließlich der Lehre von den Kettenbrüchen, die Theorie der quadratischen Formen sowie die Entwicklung der analytischen Zahlentheorie darzustellen, betraut war. Jedoch nahmen die Vorarbeiten zur Geometrie der Zahlen mit der Zeit Minkowski die Impulse fort, die für ihn notwendig gewesen wären, um über die rein literarischen Vorarbeiten für das zahlentheoretische Referat hinauszugelangen — das ist der Schluß, den die erhaltenen Briefe nahelegen.

Auf der anderen Seite hatte sich David Hilbert von Anfang an die Darstellung der algebraischen Zahlentheorie vorbehalten und mit konzentrierter Energie gelang es ihm, über die literarischen Vorarbeiten zu der gebotenen „Durchdringung älterer Resultate mit neuen eleganten, weittragenden Methoden"[2] vorzudringen.

---

[1] 29. 11. 93 Abs. 7, 8. 2. 94 Abs. 2, 28. 3. 95 Abs. 4, 16. 4. 95 Abs. 1, 17. 5. 95 Abs. 1, 3, 1. 7. 95 Abs. 1, 2, 3, 24. 9. 95 Abs. 1, 4. 12. 95 Abs. 1—3, 30. 12. 95 Abs. 1, 2, 22. 1. 96, 10. 2. 96, 30. 5. 96 Abs. 1—3, 21. 7. 96 Abs. 1—3, 28. 8. 96 Abs. 2, 5. 9. 96 Abs. 1 gegen Ende, 17. 11. 96 Abs. 1, 5, 21. 11. 96 Abs. 1, 7. 12. 96 Abs. 1, 10. 12. 96 Abs. 1, 30. 12. 96 Abs. 2, 7. 1. 97, 20. 1. 97, 31. 1. 97 Abs. 1—3, 9. 2. 97 Anfang, 11. 3. 97 Abs. 2, 17. 3. 97 Abs. 2, 4. 4. 97 Abs. 1, 14. 5. 97 Abs. 1, 2, 23. 11. 97 Abs. 4, 24. 6. 99 Abs. 4.
[2] Zitat Helmut Hasse: Zu Hilberts algebraisch-zahlentheoretischen Arbeiten, Hilberts Werke Bd. 1.

In dem entscheidenden Briefe vom 10. Februar 1896 kommen die durch die unterschiedliche Arbeitsweise der beiden Referenten bedingten Spannungen zu befreiender und klärender Aussprache.

HILBERT hatte in klarer Erkenntnis dieser Spannungen den Plan entwickelt, daß sein Referat als selbständiger Bericht über ‚Theorie der algebraischen Zahlkörper' in dem Jahresbericht der Deutschen Mathematiker-Vereinigung bereits ein Jahr früher als das MINKOWSKIsche Referat veröffentlicht würde. Im zweiten Teile des kritischen Briefes geht MINKOWSKI auf den neuen HILBERTschen Plan ein mit der Bitte, daß HILBERT sich im Vorwort seines Referates über die neue Arbeitsteilung auslieβe. HILBERT hat dieser Bitte des Koreferenten dann schließlich nicht entsprochen. Der MINKOWSKIsche Anteil an dem Gesamtreferat ist nie in der geplanten Form erschienen.

Wir müssen den ersten Teil des Briefes vom 10. 2. 1896, der die Antwort auf HILBERTS Verlangen, zwischen dem ursprünglichen Plane des Gesamtreferates und dem neuen Plane zu wählen, vorbereitet, so verstehen, daß MINKOWSKI seinen Beitrag zu dem Gesamtreferat bereits durch die Vorarbeiten zu seiner ‚Geometrie der Zahlen' geleistet haben wollte.

Zu einer rein historisch-diskursiven Darstellung (wie sie z. B. in dem von H. MINKOWSKI und später auch von D. HILBERT im Zahlbericht zitierten SMITHschen Reporte oder später von L. E. DICKSON in seinem monumentalen 3bändigen Werke ‚History of Number Theory' geleistet wurde) konnte MINKOWSKI sich nicht zwingen: „Was ich bisher Eigenes in dem Referat bringe, habe ich zumeist schon in meinem Buche oder in früheren Arbeiten dargestellt. Wenn ich ausserdem die Resultate mancher bisher kaum geniessbarer Arbeiten menschlichem Verständnisse näher bringe, so ist dergleichen ja wohl der eigentliche Zweck solcher Referate, für mich schliesslich eine ganz angenehme Arbeit, aber doch nicht eine solche, die ich am höchsten schätze."

Die von der Deutschen Mathematiker-Vereinigung gestellte Aufgabe wurde, wie die erhaltenen Briefe zeigen, durch die beiden Verfasser in ungewöhnlich schöpferischer und unerwarteter Weise gelöst. Auf der einen Seite trat MINKOWSKI mit der Veröffentlichung eines Buches über die Geometrie der Zahlen hervor, in welchem mit geometrischen Methoden tiefe Einsichten über Diskriminante, Klassenzahl und Einheitengruppe algebraischer Zahlkörper entwickelt wurden und in welcher der Theorie der Kettenbrüche ganz neue zukunftweisende Seiten abgewonnen wurden. Andererseits hat D. HILBERT mit charakteristischer Energie, aber auch, historisch gesehen, mit einer gewissen Einseitigkeit praktisch die Disziplin der algebraischen Zahlkörpertheorie aus dem historisch gegebenen Materiale herausmodelliert.

Er hat damit, wie HASSE in seinem Nachwort zu HILBERTS Arbeiten in der Zahlentheorie hervorhebt, die Vorarbeit für seine eigentliche Pionierarbeit auf dem Gebiete der abelschen Zahlkörpererweiterungen (Klassenkörpertheorie) geleistet, die durch FURTWÄNGLER, TAKAGI und ARTIN ihre Vollendung erfuhr. Andererseits wurden die weiterreichenden Ansätze R. DEDEKINDS auf mehr als zwanzig Jahre in den Hintergrund gedrängt. Sie sind erst unter dem Einfluß E. NOETHERS sowie E. ARTINS, R. BRAUERS, H. HASSES, V. D. WAERDENS, A. A. ALBERTS, SCHURS und FROBENIUS' zur tragenden Basis der neueren Forschung geworden. Die L. KRONECKERsche aufs konkret zahlentheoretische gerichtete Stoßrichtung wurde erst wieder in den sechziger Jahren dieses Jahrhunderts lebendig, als es durch das Aufkommen neuer rechentechnischer und datenverarbeitender Methoden möglich wurde, die experimentelle Basis der Zahlentheorie zu verbreitern.

Dem unvoreingenommenen Leser des Zahlberichts fällt die untergeordnete Rolle der Gruppentheorie und anderer abstrakter Hilfsmittel auf. Zum Beispiel geht technisch gesehen der Basissatz für endliche abelsche Gruppen aus der Analyse der Idealklassengruppe hervor. Dem Einsichtigen ist natürlich klar, daß sich aus dem HILBERTschen Argument ein Beweis für die Zerlegung jeder endlichen abelschen Gruppe in das direkte Produkt zyklischer Gruppen ergibt. Aber bei der von HILBERT gewählten Darstellungsweise kommt die Frage auf, ob denn auch jede endliche abelsche Gruppe überhaupt als Idealklassengruppe vorkommt [3]. Der Möglichkeit der Lokalisierung zahlentheoretischer Fragestellungen, wie sie damals schon im Ansatze von K. HENSEL bearbeitet wurde und wie sie H. MINKOWSKI durch seine Arbeiten über quadratische Formen wohlbekannt war, ist HILBERT aus dem Wege gegangen.

Zu den unvoreingenommenen Lesern des Zahlberichts gehörte auch MINKOWSKI.

Eine interessante Diskussion ergibt sich insbesondere bei der Behandlung des Hauptsatzes der Idealtheorie, der besagt, daß die gebrochenen Ideale eines algebraischen Zahlkörpers E von endlichem Grade über dem rationalen Zahlkörper Q

---

[3] Wir nähern uns erst heute der Beantwortung dieser Frage.

über dem Ringe Λ_E der ganzen algebraischen Zahlen eine abelsche Gruppe bei Idealmultiplikation bilden. Aus diesem Satze ergibt sich die (neuerdings als logisch gleichwertig erkannte) Aussage, daß jedes Ideal von Λ_E das Produkt von Primidealen ist. Solche Zerlegungen sind stets eindeutig bis auf die Reihenfolge der Primidealfaktoren. MINKOWSKIS Anregung (s. z. B. den Brief vom 24. 6. 99, Abs. 4), den Satz von der Endlichkeit der Idealklassen der Darstellung des Fundamentalsatzes der Idealtheorie voranzustellen, fand ihre schöpferische Verwirklichung in dem MINKOWSKISCHEN Lehrbuche über ‚Diophantische Approximationen' (Teubner 1907), insbesondere in § 5 des 5. Kapitels. Die Endlichkeit der Klassengruppe, die am einfachsten mit den Hilfsmitteln der Geometrie der Zahlen zu beweisen ist, hat zur Folge Satz XLIII: Zu jedem beliebigen Ideal c des Körpers gibt es eine positive ganze rationale Zahl g derart, daß c^g ein Hauptideal wird (vgl. Zahlbericht Satz 51, wo ein verwandter Satz als Folge der Gruppeneigenschaft bewiesen wird). Dabei wird die Maximaleigenschaft von Λ_E unter den DEDEKINDschen Ordnungen von E (Zahlringen in der HILBERTschen Terminologie) mithilfe des Lemmas

XVI: Aus einer Idealrelation

$$a\,b = a$$

folgt notwendig

$$b = (1),$$

das eine Vorwegnahme des KRULLschen Lemmas der Idealtheorie darstellt, ausgenutzt.

In der neueren Idealtheorie ist es gelungen, den entscheidenden Satz XLIII auf beliebige Ordnungen Λ einer beliebigen Erweiterung E von endlichem Grade n über dem Quotientenkörper F eines DEDEKIND-Ringes R zu erweitern, nämlich in der folgenden Form:

Die $(n{-}1)$-te Potenz des gebrochenen Ideales c bezüglich der beliebigen Ordnung Λ ist invertierbar, d.h. es gibt ein gebrochenes Ideal d bezüglich R für das das Produkt von c^{n-1} und d eine Oberordnung Λ_1 von R ist. Die Oberordnung Λ_1 ist die zu c^{n-1} ‚gehörige' Ordnung, d.h. Λ_1 besteht aus allen Elementen ξ von E, für die ξ^{n-1} in c^{n-1} liegt (vgl. DADE, TAUSSKY und ZASSENHAUS 1962).

Wenn die Ordnung bereits maximal ist, dann gilt $\Lambda = \Lambda_1 = \Lambda_E$, und die Invertierbarkeit von c mit c^{n-2} d als Inversem ergibt sich als Folge. Damit wird

sowohl den Forderungen R. Dedekinds bezüglich der axiomatischen Fundierung
der Idealtheorie als auch der Minkowskischen Endlichkeitsforderung (formuliert
als Satz XLIII) Genüge getan, ohne daß die Maximalität der Ordnung oder die
Endlichkeit der Klassenzahl benötigt werden.

Über Friedrich Althoff

Von Hans Zassenhaus

Friedrich Althoff wurde am 19. Februar 1839 in Dinslaken bei Wesel als
Sohn des Domänenrates Friedrich Theodor Althoff und seiner Frau Julie,
geb. Buggenhagen, geboren. Er verbrachte die ersten zwölf Lebensjahre in der
dörflichen Umgebung seines Heimatortes. Von dem Lehrer der Dorfschule privat
vorbereitet, wurde er im Herbst 1851 in die Tertia des Gymnasiums Wesel aufgenommen und bestand dort nach 5jähriger Schulzeit die Reifeprüfung. Er studierte die Rechtswissenschaften in Bonn und vorübergehend auch in Berlin.
Nach Ablegung des ersten juristischen Examens im November 1861 in Ehren-
breitstein bereitete er sich zunächst auf die Laufbahn eines Rechtsanwaltes vor.
Am Kriege 1870—71 nahm er als Delegierter des Johanniterordens teil. Auf den
Schlachtfeldern bei Metz widmete er sich der Pflege der Verwundeten. Dort begegnete ihm zum ersten Male Felix Klein, der im gleichen Dienste tätig war,
und hatte mit ihm eine längere angeregte Unterhaltung. Nach dem Kriege führte
er zusammen mit dem badischen Staatsmann Freiherr v. Roggenbach den Auf-
bau der Universität Straßburg durch, wo er 1872—1882 auch Professor für Zivil-
recht war. Seine wissenschaftliche Hauptleistung war die Sammlung der in Elsaß-
Lothringen geltenden Gesetze, die er zusammen mit einer Gruppe von juristischen
Mitarbeitern in drei Bänden 1880 und 1881 herausgab.

Seit 1882 Vortragender Rat im preußischen Kultusministerium führte er hier
bis 1907 die Hochschulabteilung und seit 1897 als Ministerialdirektor auch die
Abteilung für die höheren Schulen. Er wurde in Deutschland und später auch
in der ganzen Welt bekannt durch eigene staatliche Initiative bei der Berufung
der Hochschullehrer, Förderung neuer Wissenschaftsrichtungen und Anstalten,
wobei er es verstand, auch die Wirtschaft finanziell heranzuziehen, angeregt durch
das Studium der französischen und amerikanischen Verhältnisse. Er hatte das
Recht des Vortrages beim Kaiser.

Nach seinem nicht nur aus gesundheitlichen Gründen erfolgten Rücktritt im August 1907 wurde sein Dienstbereich von dem neuen Minister (HOLL) auf vier Dezernenten verteilt. ALTHOFF starb am 20. Oktober 1908, nachdem er seine ungewöhnliche Arbeitskraft im Dienste des Vaterlandes hingegeben hatte.

Seine Frau MARIE, geb. INGENOHL (aus Neuwied), hat ihn um 17 Jahre überlebt und gab mehrere Erinnerungsbücher an ALTHOFF heraus.

Den Schlüssel zu den Erfolgen seiner in der Preußischen Hochschulverwaltung durchgeführten Aufbauarbeit kann man nach seinem Biographen ARNOLD SACHSE in den in der Straßburger Zeit gemachten Erfahrungen suchen, deren Resultat in einem Briefe seines Mitstreiters VON ROGGENBACH an ihn (17. November 1882), anläßlich der Berufung nach Berlin, zusammengefaßt ist.

Aus diesem Briefe mögen hier die folgenden Stellen zitiert werden:

„Ein Grundaxiom des deutschen Universitätswesens ist, dass jede Besserung desselben nur von Preussen ausgehen kann. Das Schwergewicht, das die preussischen Einrichtungen im ganzen öffentlichen Leben Deutschlands ausüben, ist so gross, dass jeder Versuch von einer Einzeluniversität, auch nur eine leise Änderung des Bestehenden ausführen zu wollen, sofort auf den Interessenwiderstand von Dozenten und Hörern stösst und an den bestehenden Ordnungen in Preussen berechtigte Hemmung erfährt. Strassburg ist davon ein trauriges Beispiel. Im 19. Jahrhundert sollte es unmöglich gewesen sein, eine der Vernunft und Zweckmässigkeit im Ganzen und in seinen Teilen so vielfach entbehrende Einrichtung nochmals zu vervielfältigen. Schlimmer war es, gar keine Wahl gehabt zu haben, als eine solche Missschöpfung verbrechen zu müssen, weil eben Elsass-Lothringen eine deutsche Universität bekommen musste und eine deutsche Universität eben nicht anders sein kann als ein Nachdruck aller übrigen, will sie Dozenten finden und Studenten nicht entbehren. Was oft unmöglich war, ist in Preussen jederzeit ausführbar mit Einsicht, Umsicht, Liebe zur Bildung deutscher Jugend und Liebe zur Pflege unzerstörbarer Wissenschaft und Geistesarbeit. Weil ich weiss, dass Sie diese Eigenschaften in hohem Masse besitzen, daher meine Befriedigung über ihre Ernennung."

„Wäre der Junge (Student) auf dem Gymnasium zur Freiheit und Freude an eigener Arbeit entwickelt, träfe er dann einen systematisch und folgerichtig durchgeführten Lehrplan an, statt eigenem Gutdünken und dem Zufalle des Rates von Kommilitonen oder der Modevorlesung der jeweiligen Universität anheimzufal-

len, kein Zweifel, er würde nicht halb verdummt und mit Gänsehaut nach drei
bis vier Jahren an die Examenstür stolpern.

Dies Resultat kann erreicht werden, wenn mit eiserner Hand dem Kasten-
egoismus des kliquenartig verbundenen Dozententums in der Forderung entgegengetreten wird, dass es ihrem freien Ermessen überlassen bleiben müsste, was
sie lesen wollen, ohne Rücksicht auf die Bedürfnisse des Studienganges ihrer Hörer, und wenn gleichzeitig dem Verlangen, dass an allen Universitäten alle Dis-
ziplinen, um der Frequenz der Universität willen, vertreten sein müssten, nicht
willfahrt wird. Im Gegenteil — gewisse Fächer sollten nur an einer oder zwei
deutschen Universitäten und dann hervorragend vorgetragen werden. Es ist und
bleibt ein Unsinn, zwanzigmal und mehr romanische Philologie zu lesen vor
zwei bis drei Zuhörern, und es ist eine Heranzüchtung eines wissenschaftlichen
Proletariats, solche Fächer zu übersetzen. Nicht minder ist es eine Rücksichtslosig-
keit der ruhmsüchtigen Dozentenschaft gegenüber den Studenten, auf jede kleine
Nuancierung hin von einer neuen Wissenschaft zu sprechen und gar daraufhin
neue Lehrstühle zu gründen, noch dazu an mehreren Universitäten, ohne Rücksicht darauf, dass eine solche neue Wissenschaft nach dem ersten Erfinder sofort
als selbstständige Diszplin zu existieren, das Recht verliert. Ich exemplifiziere.
Was sollen wir mit chemischer, mikroskopischer, physikalischer Physiologie machen, wenn der junge Mediziner gerade nur Zeit hat, in seinem Quadriennium
eine Physiologie zu hören, und wenn er bei Wahl einer der drei Spielarten notwendig in den anderen Ignorant fürs Leben bleibt. Die berechtigte Freiheit des
akademischen Lehrers kann vollkommen unberührt bleiben, und diesem wilden
Unfug der aus einer Art Autoreneitelkeit künstlich zersplitterten Wissenschaften
kann gesteuert werden."

ALTHOFFS ungewöhnlich erfolgreiche, zielstrebige, aber stets im Zusammenwirken mit den lokalen Kräften vorgehende Berufungspolitik war auf die staatliche Erschließung und Förderung aller jungen Talente in den Wissenschaften und
ihren Anwendungen und auf die Gründung und den Ausbau der Geisteswerk-
stätten, die diesen Talenten Raum zur Entfaltung geben konnten, gerichtet.

In den MINKOWSKI-Briefen kann der Leser die durch das „Individualsystem
ALTHOFF" eingetretene Belebung und Bewegung der Talente im Fachbereich der
Mathematik an den deutschen Hochschulen verfolgen. Später wird er gewahr,
daß ALTHOFF im Zusammenwirken mit FELIX KLEIN und DAVID HILBERT ganz
bewußt auf Schwerpunktbildung in der Mathematik in Göttingen hinarbeitet,

ganz im Sinne des zweiten ROGGENBACHschen Zitates. Darüber schreibt FELIX
KLEIN:

„Alle grossen Fortschritte, welche die preussischen Universitäten in den 25
Jahren seiner Tätigkeit im Kultusministerium gemacht haben, gehen auf ihn zurück, oder hängen zum mindesten eng mit ihm zusammen. Vor allem aber ist
ihm Göttingen zu Dank verpflichtet, da die mit 1892 einsetzende grosse Entwicklung der mathematischen und physikalischen Einrichtungen in erster Linie
von ihm herbeigeführt worden ist."

Weiter führt SACHSE aus (S. 277):

„Da es weder nötig noch möglich ist, alle Universitäten auf allen Gebieten
gleichmässig auszustatten, so empfiehlt es sich, einzelne Universitäten zu Mittel-
punkten bestimmter Forschungsgebiete zu machen. Für das Gebiet der Mathematik und Physik erwies sich Göttingen, wo FELIX KLEIN seit 1892 lehrte und
wirkte, als der geeignetste Ort, die Stadt, in der die Tradition von GAUSS und
WEBER noch lebendig war. Der Idee KLEINS entsprechend, sollte hier ein enges
Band zwischen der Mathematik und ihren Anwendungen in Physik, Technik und
anderen Zweigen, zwischen der Wissenschaft und ihren Vertretern und den Krei-
sen der Industrie und des Wirtschaftslebens überhaupt geknüpft werden, und
wo die Aufgaben rascher wuchsen als die staatliche Leistungsfähigkeit mitkom-
men konnte, sollten nach dem Beispiel anderer Länder, namentlich Amerikas,
gemeindliche und private Kreise veranlasst werden, die Mittel zur Förderung zu
gewähren, die nicht immer sofort sichtbar, schliesslich doch wieder ihrem Nutzen
dienten. Zunächst wurde die Reorganisation der Göttinger Gesellschaft der Wissenschaften durchgeführt, die KLEIN im Auftrage ALTHOFFS schon seit 1888 vorbereitet hatte. Dann folgte der systematische Ausbau der mathematischen und
physikalischen Einrichtungen der Universität. 1906 wurden die neuen physikalischen Institute eröffnet. 1898 wurde die Göttinger Vereinigung zur Förderung
der angewandten Physik und Mathematik, an der der Grossindustrielle BÖTTIN-
GER in Elberfeld und der Physiker LINDE in München in hervorragender Weise
beteiligt waren, gegründet. Dem Zusammenwirken dieser privaten Vereinigung
mit der durch ALTHOFF vertretenen preussischen Unterrichtsverwaltung verdankt
Göttingen den Ausbau seiner mathematischen und physikalischen Einrichtungen.
Es wurde nämlich das Prinzip verfolgt, dass die Vereinigung die Gebäude und
die äusseren Einrichtungen aus ihren Mitteln beschaffte unter der Voraussetzung,
dass der Staat für das entsprechende Fach eine ordentliche Professur einrichtete.

So sind das Institut für angewandte Mathematik, das Institut für angewandte Mechanik, das später auch seine Tätigkeit auf Hydrodynamik und Aerodynamik ausdehnte, das Institut für angewandte Elektrizität und das Institut für Geophysik entstanden, und die entsprechenden Professuren bewilligt worden. Aus fünf ordentlichen Professuren für Mathematik und Physik wurden im Laufe der Jahre zehn."

Im Zusammenhang mit MINKOWSKIS Berufung nach Göttingen möge der Leser die interessante Darstellung bei CONSTANCE REID, S. 89—90, zur Kenntnis nehmen, die in der englischen Fassung des folgenden Passus' in HILBERTS Gedenkrede auf MINKOWSKI gipfelt:

„Da war es wiederum ALTHOFF, der MINKOWSKI auf den für seine Wirksamkeit angemessensten Boden verpflanzte; mit einer Kühnheit, wie sie vielleicht in der Geschichte der Verwaltung der Preussischen Universitäten beispiellos dasteht, schuf ALTHOFF aus nichts hier in Göttingen eine neue ordentliche Professur, und dieser Tat ALTHOFFS danken wir es, daß seit Herbst 1902 MINKOWSKI der unsrige gewesen ist."

ALTHOFFS Leistung war einmalig, sein System zerfiel bereits unter den Händen des Ministers, der den Abgang ALTHOFFS als Bedingung seines Kommens nach Berlin gestellt haben soll. Durch eine voreilige schriftliche Zusage sich gebunden fühlend, vollzog er die Ernennung des Nationalökonomen Professor BERNHARD nach Berlin, um ihn für Preußen zu erhalten, ohne die Fakultät überhaupt zu befragen. Die Remonstration der Ordinarien (SCHMOLLER, WAGNER und SERING) führte zum ‚Falle BERNHARD'. Nachdem der Minister das Vermittlungsangebot ALTHOFFS abgelehnt hatte, konnte dank des Entgegenkommens SCHMOLLERS und taktvollen Verhaltens BERNHARDS ein Ausweg gefunden werden.

Der Fall BERNHARD trug zur Entstehung der Hochschullehrerbewegung bei. ALTHOFF, bereits im Ruhestande, sagte zu LUJO BRENTANO: „Wenn ich noch im Amte wäre, würde ich sofort Mitglied des Hochschullehrertages werden."

Ohne Zweifel würde ALTHOFF, wenn er heute leben würde, auch unter den geänderten gesellschaftlichen Bedingungen von Bundesdeutschland Mittel und Wege gefunden haben, seine überlegene Einsicht, Aufbaufreudigkeit und selbstlose Güte zum Segen des Ganzen wirksam werden zu lassen.

Minkowski: Briefe an Hilbert

Hermann Minkowski

David Hilbert

Wiesbaden, den 14ten Februar 1885.

Lieber Hilbert!

Die Depesche vom vorigen Sonntag hat mir eine rechte Freude gemacht, und mich ein klein wenig dafür entschädigt, daß ich nicht mit Ihnen mitfeiern konnte. Es war zwar nicht ganz deutlich, ob die imposante Namenreihe mir salve oder memento examinis zurief. Ich war aber durchaus geneigt, das erstere anzunehmen. Ich bitte Sie, Allen welche an der Ausführung der brillanten Idee theilgenommen, meinen besten Gruß und Dank zu vermelden.

Ihre Arbeit studire ich mit großem Interesse, und freue mich über all die Processe, welche die armen Covarianten durchmachen müssen, ehe sie es zum Verschwinden bringen. Übrigens hätte ich garnicht vermuthet, daß in Königsberg solch guter mathematischer Satz zu beschaffen wäre. Bis auf manche etwas große Indices ist ja die Ausstattung eine vortreffliche. Haben Sie die Absicht, die Abhandlung in den Annalen zu wiederholen, vielleicht mit Zusätzen?

Meine Arbeit (endlich fertig!) ist wieder furchtbar angewachsen. Zur Promotion soll daher nur ein Theil dienen.

Ich habe mich entschlossen, einige Resultate schon jetzt zu veröffentlichen. Dieselben erscheinen im dritten Hefte des laufenden CRELLE-Bandes. Es wurde mir nämlich plötzlich Angst und bange, ich könnte wieder um die Freude kommen. POINCARÉ, von dessen vielseitiger und rascher Arbeitskraft Sie ja gehört haben werden, hat vor nicht langer Zeit Untersuchungen begonnen, welche durch eben meine Sätze eines famosen Abschlusses sicher wären. Es könnte nun leicht sein, daß er jetzt nach Publication meiner Preis-Arbeit diesen Abschluß fände.

Ich bitte Sie, mir recht bald ausführlich zu schreiben, wie es Ihnen geht, und was Sie alles seit unserer Trennung erlebt haben. Wollen Sie mich sehr den Herren Professoren, VOLKMANN und dem gesammten Colloquium empfehlen.

Mit bestem Gruß

Ihr

Grünweg 4.　　　　　　　　　H. Minkoswski

(Postkarte)   Königsberg i. Pr., den 31 December 1885

Lieber Hilbert!

Viel Angenehmes und Erfreuliches, viel Glück im neuen Jahre wünscht Ihnen
ein armer Soldat. Ach, wo sind die Zeiten, wo sich derselbe um die liebe Mathematik hat kümmern können. Ich hoffe, Ihnen morgen meine kriegerischen Frie-
denserlebnisse ausführlicher zu schildern. Einstweilen besten Gruß und besten
Dank für die übersandte grundlegende Arbeit. Ich habe halt immer gedacht, zu
einer rationellen Invariantentheorie gehören auch die irrationalen Invarianten.
Am Ende des nächsten Jahres mögen aus der einen allgemeinen Gattung rund
365 geworden sein.

Ihr
H. Minkowski

Königsberg ^{i}/Pr., den 26. April 1886.

Lieber Hilbert,

Mich quälen die furchtbarsten Gewissensbisse, wie ich Sie derart vernachläs-
sigen konnte. Und bin ich doch selber dabei am schlimmsten gefahren. Muß ich
mich doch seit langem mit den dürftigsten Nachrichten über Ihr Befinden begnügen, zu einer Zeit, wo Sie so viel des Interessanten erleben müssen. Aber das
letzte Halbjahr ist mir in der Erinnerung wie ein Tag; bitte denken Sie auch,
wir hätten uns vorgestern gesehen und nehmen es mir nicht weiter übel, daß
ich so wenig geschrieben.
Ihre liebenswürdigen Sendungen, den Brief und die Karten habe ich alle zu
großer Freude erhalten. Die letzte Pariser Karte hatte eine lange Verspätung
erlitten, und nicht blos, weil sie mit demselben Zug reiste, in welchem Professor
VOIGT eingeschneit lag, und sich sammt Familie drei Tage von einer vertrockne-
ten Semmel nährte, sondern auch wegen der Ihnen als E. R. I. Kl. eigenen mili-
tärischen Kenntnisse, die Sie davor sicherstellen, in dem jetzigen Aufenthaltsort
als Spion Preußens angesehen zu werden. (Nämlich: Sunt 13 Grenadierregimen-
ter, 1 — 13, das 33te sind Füsiliere, und ich bin leider Musketier im 41ten.)

Ja leider, wenn auch Gefreiter. Die größere Hälfte der gedankenlosen Zeit ist glücklich überwunden. Neue Schrecken drohen mir kaum. Ich bin Posten gestanden bei —20° C., bin abzulösen vergessen worden, am Vorabend zu Weihnachten, habe exerzirt von Sonnenaufgang bis Untergang, und transpirirt wie im Hochsommer. Alles schon dagewesen. Gebräunt wie ein Kameruner, und munter wie ein Fisch in seinem Element, hoffe ich, daß der Rest meiner Dienstzeit nur leichte vergnügte Stunden bringen wird. Vielleicht bietet sich dann auch Gelegenheit, eine alte Bekanntschaft mit Frau Mathematika zu erneuern.

Bitte, theilen Sie mir doch in's kleinste Detail mit, was Ihnen seit October begegnet, und namentlich, was Ihnen in Feindes Land zugestoßen. Wenn einer der großen Herren, JORDAN oder HERMITE, sich vielleicht einmal meiner erinnern sollte, so bitte empfehlen Sie mich bestens, und machen Sie es klar, daß ich weniger von Natur, als durch die Umstände ein Faullenzer bin.

Des Kriegers Rechte, die so lange nur den Schaft des Mordgewehres gefaßt hielt, ist schon ganz entwöhnt, den leichten Federkiel zu führen, und des Kriegers Magen sehnt sich nach Dritt-Frühstück. So leben Sie recht wohl und geben mir bald einen Abdruck Ihrer Eindrücke.

Ihr

Hermann Minkowski

Mittel-Tragheim $\quad \underline{6} = 1.2.3 = 3!$
$$= 1 + 2 + 3,$$
$$y = 1 + 2 + \ldots + x = 1.2.\ldots x, \quad y = ?$$

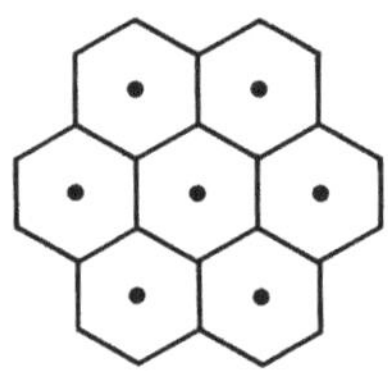

Das Colloquium schwelgt im Genusse des Titi-Coco Liedes. Zu Ihrer Ankunft studiren wir es vierstimmig ein.

Bonn, den 29 Dezember 1887

Lieber Hilbert

Die große discontinuirliche Änderung im Datum ruft mir meine ganze Schuld Ihnen gegenüber in's Gedächtniß zurück und erweckt in mir naturgemäß den

Wunsch, noch vor der Unstetigkeitsstelle mich als ein artigerer Mensch auszuweisen, als ich nun leider anno 1887 war. Über die liebenswürdige Dedication Ihres Bildes habe ich mich sehr gefreut; ich hätte sonst, wenn ich Sie nicht auf demselben so stattlich und würdevoll sähe, immer an den fremdländischen Eindruck denken müssen, den Sie in Ihrer Rauschener Tracht und Frisur bei dem flüchtigen Wiedersehen im Sommer auf mich machten. Daß wir, obschon so nahe, uns gar nicht miteinander aussprechen konnten, kam für mich nicht wenig überraschend. — Ich war deshalb so früh von Königsberg fortgegangen, weil ich in meinem Bruder, der die Naturforscherversammlung in Wiesbaden besuchen wollte, einen Reisebegleiter gefunden hatte. Auf vieles Zureden gab ich mir auch eine Woche lang den Anschein eines Naturforschers. Über all den Bällen etc. versäumte ich indeß fast sämmtliche Sitzungen der mathematischen Section, in welchen die Mathematik der Gymnasiallehrer von Frankfurt a. M. und Umgegend auf das Eingehendste behandelt wurde. — Bei meiner Rückkehr nach Bonn erfuhr ich, daß Lipschitz plötzlich erkrankt und verreist war. Er ist seitdem nicht zurückgekehrt, und sind die von seinen Angehörigen über sein Befinden gegebenen Auskünfte beständig sehr undeutlich. Auf seinen Wunsch habe ich die von ihm angekündigte Vorlesung über Zahlentheorie übernommen. Für das nächste Semester hat er zwei große Vorlesungen angekündigt; wer weiß aber, ob er bis dahin die volle Arbeitskraft wiedererlangt hat. Ich empfinde seine Abwesenheit besonders schmerzlich. Er war der Einzige, dem ich eine mathematische Frage stellen oder mit dem ich überhaupt ein wissenschaftliches Thema besprechen konnte. Mein College v. Lilienthal ist ein sehr liebenswürdiger Mensch; aber ich rede mit ihm von allem andern lieber als von Mathematik. Er wird mir bald zu tief und geht beständig auf die Begriffe und Grundlagen ein, wo ich bestimmte Facta haben möchte, und mein anderer College liest Voltaire und streicht die unbekannten Vokabeln an, lieber als daß er einen mathematischen Gedanken prüft. Es ist aber auch fast das Einzige, was mir hier zu meinem Glücke fehlt.

Für die übersandten Abhandlungen sage ich Ihnen meinen besten Dank. Ich werde wohl in allernächster Zeit nichts veröffentlichen, da ich augenblicklich mit einer größeren Frage aus der Mechanik beschäftigt bin, und hoffe, daß zu den Resultaten, die ich bereits erlangt habe, sich noch manche weiteren ergeben werden. Ich bin auch ganz Geometer geworden, und bedauere aus diesem Grunde doppelt, nicht in Ihrem Kreise weilen zu können. Ich habe eine Reihe ziemlich

genau präcisirter Fragen für Sie, die ich Ihnen indeß lieber mündlich als brieflich vorlegen möchte. Bitte, unterrichten Sie mich daher über Ihre Absichten für
die Osterferien, sobald Sie darüber selbst im Klaren sind.

Für das neue Jahr sende ich Ihnen die besten Glückwünsche. Hoffen wir, daß
weder die Franzosen noch die Russen unsere Circel stören. Ich bitte Sie auch,
meine besten Neujahrswünsche Prof. LINDEMANN und HURWITZ und allen unseren gemeinsamen Bekannten zu übermitteln.
Mit den besten Grüßen

Ihr H. Minkowski

Bonn, den 19. Juni 1889

Lieber Hilbert,

Freitag vor Pfingsten hatte ich mich gerade zurechtgesetzt, um Ihnen fröh-
liche Ferien zuzurufen, als meine Absicht durch ein Telegramm meines Bruders
in Straßburg durchkreuzt wurde, welches mich dorthin citirte zu einer schleunigst
anzutretenden Tour in den Schwarzwald und die Vogesen. Da ich mein Colleg
eben mit dem Nachweis der Unmöglichkeit eines lenkbaren Luftballons glänzend beschlossen hatte, so versäumte ich auch keinen Augenblick, und ich habe
mich von Sonnabend an acht Tage lang in den Wäldern umhergetrieben und bin
erst vorgestern Abend gänzlich sonnengebräunt wieder zurückgekehrt. Ich habe
an die zwei Dutzend Burgen bestiegen, auf deren Gipfel ich mitunter dachte,
wie schön es wäre, wenn auch Sie und HURWITZ dabei sein könnten.

An einem regnerischen Tage bin ich auch nach Straßburg hineingekommen
und habe sämmtliche dortigen Mathematiker besucht. Ich habe dabei wieder einmal die Bemerkung gemacht, wie verschieden die verschiedenen Gebiete der Mathematik auf den Charakter einwirken, daß je weiter sich einer von den Wegen
entfernt, auf welchen das Gros wandelt, er um so eher zur Selbstüberschätzung
und Verkleinerung anderer Verdienste verleitet wird. Auf CHRISTOFFEL war ich
besonders gespannt, da ich kurz vorher einen ganz hervorragenden Aufsatz von
ihm „über die Bewegung eines periodisch eingerichteten Systems" (im CRELLE-
schen Journal) mit großem Interesse studirt hatte. Er behauptete auch vieles bes-

SONJA KOWALEWSKY

ELWIN BRUNO CHRISTOFFEL

ser und gründlicher gemacht zu haben als andere, veröffentlichen wollte er es aber, wie er sagte, erst dann, wenn er in seinen ganz alten Tagen einmal ein Lehrbuch schreiben würde. Von WEIERSTRASS sagte er, daß er Madame KOWALEWSKY benutzt, um alte Waare abzulagern und von KRONECKER, daß er anfängt aufzuarbeiten. Übrigens hörte ich nicht viel freundlichere Reden, als ich in Berlin bei KRONECKER war. — Ich traf dort WILTHEISS, von dessen Aussehen ich mir übrigens eine ganz andere Vorstellung gemacht hatte, und CANTOR. Letzterer behandelte mit KRONECKER, und gerade nicht besonders wohlwollend das Thema von POINCARÉ, dem größten Mathematiker dieses Jahrhunderts, wie zuerst WEIERSTRASS durch Mad. KOWALEWSKY zu einem günstigen Urtheil über POINCARÉ verleitet sein sollte, letztere dieses dann schwarz auf weiß nach Paris geschickt habe und dadurch POINCARÉ ein gemachter Mann gewesen wäre. Der Mathematikercongreß in Paris soll nach CHRISTOFFEL's Ansicht nur zu dem Zwecke dienen, die Führung in der Mathematik den Deutschen, welchen sie nach dem Gutachten von CASORATI und einem anderen Italiener zukäme, zu entreißen und sie „in autoritativer Weise" den Franzosen zu übergeben. Geht von den Königsberger Mathematikern jemand nach Paris? —

35

Cantor hatte Kronecker offenbar etwas unter vier Augen mitzutheilen, es schien mir fast, als ob er auf die Nachfolgerschaft von Dubois-Reymond reflectirte; da ich aber zu Mittag geladen war, so konnte ich ihm beim besten Willen nicht das Feld räumen. Haben Sie vielleicht gehört, wer nun an das Polytechnikum kommt?

In Straßburg sollen sich noch immer ca. 45 Mathematiker vorfinden. Die dortigen mathematischen Collegienzimmer sind wahrhaft opulent eingerichtet. Reye legte wieder einmal Zeugniß ab von dem eigenthümlichen Reize, den die Zahlentheorie auf fast Jeden ausübt, der sich mit ihr beschäftigt. Vor Jahren hatte er einmal durch Induction eine ganz specielle Zahleneigenschaft gefunden, welche ihm noch immer durch den Kopf geht, ohne daß er sie bisher beweisen konnte. Mit Krazer behandelte ich nur das allgemeine Thema, daß zu viel Studiren verdummend wirkt.

Ich stecke noch immer ganz in der mathematischen Physik. Momentan beschäftige ich mich mit Elasticitätsfragen. Ich habe bei dieser Gelegenheit einen 100-seitigen Aufsatz von Voigt studirt, eine Festschrift zum Göttinger Universitätsjubiläum, die mir einen wahren horror eingejagt hat. Es ist mir ganz unbegreiflich, wie jemand wüste Rechnungen ansetzen kann in der Hoffnung, daß sich später vielleicht jemand findet, der Nutzen daraus zu ziehen im Stande ist. — Ich bin mehrfach auf Flächen gestoßen, die gleiche Ordnung und Klasse haben. Können Sie mir vielleicht sagen, wo ich mich am besten über solche Flächen orientire; sie müssen sehr einfache Eigenschaften besitzen.

Ende voriger Woche wurde ich durch einen Brief von Hurwitz sehr erfreut. Die Nachricht vom Eintreffen eines Lindemännchens hat mich sehr überrascht. Ich bitte Sie, meine Glückwünsche zu diesem Zuwachs Ihrer Facultät freundlichst entgegenzunehmen und dieselben auch weiter an die Veranlasser dieses Zuwachses zu übermitteln. — Hurwitz bitte ich sehr zu grüßen.

Zu meinem Bilde werde ich mir erlauben, bei unserem nächsten Wiedersehen eine Widmung nachzuliefern. Dieses Wiedersehen wird wohl jedenfalls in Rauschen stattfinden, ich verlange aber nicht, daß Sie sich durch Mitnahme des Bildes den Genuß Ihrer Sommerfrische verkümmern. Mit bestem Gruß

Ihr

Hermann Minkowski

Bonn, den 6. November 1889

Lieber Hilbert!

Sie könnten mich schon bald unter die Leute zählen wollen, für die es heißt, aus den Augen, aus dem Sinn, wenn ich nicht endlich berichte, wie es mir seit unserem Abschied ergangen.

Gleich nach meiner Ankunft in Berlin eilte ich, nachdem ich mich nur ein wenig restaurirt hatte, in freudig erregter Stimmung nach dem Centralhotel, im Geiste mir schon die Überraschung HURWITZ' bei unserem Wiedersehen ausmalend. Dort wurde ich nach einem Zimmer gewiesen, von welchem ich mich nur noch dunkel zu erinnern glaube, daß seine Nummer eine von den Primzahlen war, für die der FERMAT'sche Satz gleich beim ersten Anhieb bewiesen wurde. Ich klopfte an; ein brummige, schlaftrunkene Stimme murmelte einige unverständliche Laute. Herr Professor, flötete ich mit der süßesten mir gegebenen Stimme. Is kein Professor, antwortete es unbarmherzig, mit einem schon etwas bedrohlichem Anklange, worauf ich mich dann schleunigst drückte. Nach langen Verhandlungen stellte ich dann unten definitiv fest, daß HURWITZ bereits am Tage vorher abgereist war. So gänzlich niedergeschmettert, schlich ich nun im dichtesten Nebels von 7—11 herum; dann ging ich zu KRONECKER, der mich zwar empfing, aber von einer Erkältung, die er durchgemacht hatte, noch so matt war, daß er kaum sprechen konnte. Ich empfahl mich daher nach wenigen Minuten, ohne über $\zeta(s)$ auch nur ein ι erfahren zu haben; er sagte mir nur, daß mein Brief, (bei welchem ich das Porto allerdings gespart habe), bereits im Druck sei und in der That habe ich jetzt schon den größten Theil der Korrektur. Gleichzeitig mit mir trat FUCHS ein, der auf KRONECKERS Worte, die Herren kennen sich wohl, merkwürdigerweise sagte, ja, wir haben uns verfehlt, obwohl ich niemals bei ihm gewesen bin. — Meine Vorlesungen wollte ich Dienstag voriger Woche anfangen, schob aber den Anfang der einen Vorlesung wieder auf, weil sich nur zwei eingefunden hatten; in der anderen, von 5—6 Nachmittags war der größte Theil der Erschienenen wieder ausgerückt, weil kein Licht im Auditorium war, in der Meinung, sie müßten sich geirrt haben. Freitag war natürlich wieder einmal katholischer Feiertag, und gestern hatte ich mir vor meinem Eintritt bereits eine schöne Rede zurechtgelegt: „Meine Herren, ich danke Ihnen zwar sehr für Ihr Vertrauen, sehe mich aber doch unter solchen Umständen genöthigt etc", als ich zu meiner Verwunderung fünf Leute vorfand und nun meinen Redefluß ganz

37

anders leiten mußte, darunter sogar einen katholischen Geistlichen, der bereits
ein Thalerstück auf seinem Haupte ausrasirt. Die Leute kürzen eben hier das
Semester nach Möglichkeit an seinen beiden Enden. Ich habe nun auch die TCHE-
BISCHEF-schen Arbeiten, natürlich mit lebhaftem Interesse gelesen. Ich habe nicht
den Eindruck gewonnen, daß aus

$$T(x) = \Psi(x) + \Psi\left(\frac{x}{2}\right) + \Psi\left(\frac{x}{3}\right) + \Psi\left(\frac{x}{4}\right) + \dots$$

unendlich viele alternirende Reihen abzuleiten sind; ich möchte sogar fast glauben, daß

$$T(x) - 2\,T\left(\frac{x}{2}\right),$$

$$T(x) - T\left(\frac{x}{2}\right) - 2\,T\left(\frac{x}{3}\right) + T\left(\frac{x}{6}\right),$$

$$T(x) - T\left(\frac{x}{2}\right) - T\left(\frac{x}{3}\right) - T\left(\frac{x}{4}\right) + T\left(\frac{x}{12}\right),$$

$$T(x) - T\left(\frac{x}{2}\right) - T\left(\frac{x}{3}\right) - T\left(\frac{x}{5}\right) + T\left(\frac{x}{30}\right)$$

die einzigen solchen sind; vielleicht aber giebt es unendlich viele andere Reihen
(wie $T(x) - T\left(\frac{x}{2}\right) - T\left(\frac{x}{3}\right) - T\left(\frac{x}{6}\right) =$

$$\Psi(x) + \Psi\left(\frac{x}{5}\right) - 2\,\Psi\left(\frac{x}{6}\right) + \Psi\left(\frac{x}{7}\right) + \Psi\left(\frac{x}{11}\right) - 2\,\Psi\left(\frac{x}{12}\right) + \dots)$$

mit denen man ja dasselbe erreichen könnte.

Ich bin jetzt in der Theorie der positiven quadratischen Formen sehr viel
weiter gekommen, es wird in der That bei Formen mit größerer Variabelnzahl
sehr vieles anders. Vielleicht interessirt Sie oder HURWITZ der folgende Satz (den
ich auf einer halben Seite beweisen kann): In einer positiven quadratischen Form
von der Determinante D mit $n\ (\geq 2)$ Variabeln kann man stets den Variabeln
solche ganzzahligen Werthe geben, daß die Form $< n\,D^{\frac{1}{n}}$ ausfällt. HERMITE hat
hier für den Coefficienten n nur $\left(\frac{4}{3}\right)^{\frac{1}{2}(n-1)}$, was offenbar im Allgemeinen eine
sehr viel höhere Grenze ist.

Ich bitte Sie, HURWITZ sehr zu grüßen, und mich auch den anderen Kollegen
bestens zu empfehlen, und ich bitte Sie selbst, öfters zu denken und mitunter zu
schreiben an

Ihren getreuen

H Minkowski

38

Bonn, den 22. December 1890
Thomasstr. 22

Lieber Hilbert.

Vielen Dank für Ihren liebenswürdigen, ausführlichen Brief. Auch ich bin in diesen Monaten schon zu öfteren Malen von dem Gedanken, an Sie zu schreiben, erfüllt gewesen, dann aber bald durch diesen bald durch jenen Umstand von der Ausführung abgehalten worden. Daß ich zu Weihnachten diesesmal nicht nach Königsberg komme, dürften Sie wohl bereits aus dem Umstande geschlossen haben, daß ich bis jetzt weder in Ihrem Studirzimmer, noch an der bewußten Nachtigallensteigecke, noch sonst irgendwo am Horizonte sichtbar geworden bin. Ich weiß nicht, ob ich Sie deshalb trösten muß, noch auch, ob ich solches thue, indem ich meine Meinung dahin äußere, daß Sie diesesmal an mir, als einem gänzlich physikalisch Durchseuchten, wenig Freude erlebt hätten. Vielleicht auch hätte ich sogar eine zehntägige Quarantaine durchmachen müssen, ehe Sie mich wieder als mathematisch rein und unangewandt zu Ihren gemeinsamen Spaziergängen zugelassen hätten.

Daß ich jetzt fast ganz in physikalischem Fahrwasser schwimme, mag zum großen Theile darin seinen Grund haben, daß ich als reiner Mathematiker augenblicklich hier unter Larven die einzig fühlende Brust sein würde. KORTUM kommt für ein wissenschaftliches Gespräch nicht in Betracht, und LIPSCHITZ habe ich seit meiner Ankunft noch nicht gesehen. Er ist wieder krank, er soll namentlich durch Schlaflosigkeit sehr heruntergekommen sein; er hält sich seit Mitte Oktober in Begleitung seiner Frau in Andernach (unweit Coblenz) auf. Mein Anerbieten, ihn zu besuchen, ist von Frau LIPSCHITZ, die jegliche Aufregung von ihm fernhalten will, abschlägig beschieden worden, trotzdem ich mich erboten hatte, mit keiner Silbe mathematische Dinge zu berühren. Es heißt, daß er zu Weihnachten hierher zurückkommen soll und nach den Ferien noch ein Seminar abhalten soll. Doch verlautete Ähnliches schon drei oder vier Mal während des Semesters und bewahrheitete sich zuletzt doch nicht.

Um nun noch mit anderen Sterblichen gemeinsame Punkte zu haben, habe ich mich also vorderhand ganz der Magie, wollte sagen der Physik, ergeben. Ich habe meine praktischen Übungen im physikalischen Institut, zu Hause studire ich THOMSON, HELMHOLTZ und Konsorten; ja von Ende nächster Woche an arbeite ich sogar an einigen Tagen der Woche in blauem Kittel in einem Institut

RUDOLF LIPSCHITZ

HERMANN LUDWIG FERDINAND
VON HELMHOLTZ

zur Herstellung physikalischer Instrumente, also ein Praktikus, wie Sie ihn sich schändlicher gar nicht vorstellen können.

Bei dem hier augenblicklich herrschenden Mangel an halbwegs normalen Mathematikern — auch der Direktor der Sternwarte, der noch Professor für Mathematik heißt, ist krank, — ist mir in vergangener Woche die Ehre von etwas zweifelhafter Annehmlichkeit zu Theil geworden, fünf Bergbaubeflissene in ihrem Referendarexamen zu prüfen. Ich erzielte trotz grenzenloser Unwissenheit der Kandidaten ein glänzendes Resultat, denn die Mehrzahl der Fragen hatte ich so ziemlich auf ja und nein gestellt, und aus dem Tonfall der Frage konnten die Kandidaten einigermaßen entnehmen, ob es angemessener war, ja oder nein zu sagen. Das ganze Collegium von Geheimen Räthen konnte sich nicht vor Staunen fassen, solch bedeutende Kenntniße waren bei den Kandidaten noch niemals zu Tage getreten.

Die POINCARÉ'sche Preisarbeit habe ich bis zu ungefähr einem Drittel studirt. Nach den recht langweiligen ersten Kapiteln finden sich einzelne interessante Betrachtungen, die in manchen Stücken an DIRICHLET erinnern. Indessen von dem Problem der drei Körper habe ich bis jetzt noch nicht viel wahrgenommen. Ferner bin ich momentan ein eifriger Leser Ihrer bis dato publicirten sämmtlichen Werke; doch ist das ein Gegenstand, den man nicht mit sovielem Unbedeutenden zusammen in einen Topf werfen kann, und so reservire ich mir daher dieses Thema für einen nächsten Brief.

Daß zum Beweise des Satzes über die Rationalitätsbereiche von fester Discriminante noch gewisse andere Dinge zu Hülfe genommen werden müssen, als bloß die Ungleichungen zwischen der Ordnung und den absoluten Werthen der Discriminanten, habe ich immer stillschweigend vorausgesetzt. Man braucht eben genau die Endlichkeit der Classenzahlen bei ganzzahligen Coefficienten und fester Determinante, oder auch das im wesentlichen damit übereinstimmende von Ihnen postulirte Theorem. Genau in der von Ihnen ausgesprochenen Fassung findet sich dasselbe in einem Aufsatze von JORDAN im polytechnischen Journal bewiesen. Von meinem Aufsatze im CRELLEschen Journal habe ich bereits die Korrekturen erledigt; der Aufsatz wird vielleicht in vierzehn Tagen herauskommen, er enthält aber nichts, was Sie nicht bereits kennen. Dagegen habe ich den von mir gegebenen Beweis für den Satz vom Minimum einer positiven quadratischen Form außerordentlich verallgemeinert, und bin dazu gekommen, daß der Vortheil speciell der quadratischen Formen ein sehr illusorischer ist, indem andere definite Formen (allerdings nicht gerade rationale) viel weitergehendere Folgerungen gestatten. So habe ich folgendes Resultat gefunden, welches durch Benutzung quadratischer Formen nicht gewonnen werden kann: Die Discriminante irgend eines Zahlkörpers, welcher aus einer ganzzahligen Gleichung mit $n-2\beta$ reellen und 2β complexen Wurzeln entspringt, ist dem absoluten Werthe nach immer größer als

$$\left(\frac{\pi}{4}\right)^{2\beta} \frac{n^{2n}}{(n!)^2}$$

Ich will diese Verallgemeinerung, durch welche der Gegenstand nur noch durchsichtiger wird, in einem Briefe an HERMITE auseinandersetzen.

Jüngstens habe ich einmal über Ihren Vortrag auf der Naturforscherversammlung nachgedacht. Sind Sie sicher, daß bei der von Ihnen angegebenen Bewegung eines Punktes in einem Quadrat der Punkt manche Stellen zu drei verschiedenen Zeiten passirt. Mir will es scheinen, als ob er nirgends mehr als zweimal hinkommt. Was haben Sie eigentlich gegen das doch principiell einfachere Beispiel, daß man die von 0 bis 1 gehende Zeit fortwährend als Decimalbruch

darstellt und aus den geraden und ungeraden Stellen allein zwei andere Decimal-
brüche bildet, die nun die rechtwinkligen Coordinaten des Punktes zur betreffenden Zeit ausdrücken sollen. Die Stetigkeit der Bewegung ist doch hier in genau demselben Sinne gewahrt.

Grüßen Sie herzlich HURWITZ den älteren und HURWITZ den jüngeren, des-
gleichen EBERHARD und empfehlen Sie mich LINDEMANN. Ein fröhliches und erfolgreiches neues Jahr und erinnern Sie sich bald wieder Ihres

Hermann Minkowski

Bonn, den 11. Juni 1891

Lieber Freund!

Es ist mir nun schon so oft vorgekommen, daß ich mein Versprechen, bald
Nachricht zu geben, schlecht erfüllt habe, daß ich in diesem Punkte schon fast
selber alles Vertrauen zu mir verloren habe. Ich zögerte hauptsächlich aus dem
Grunde so lange mit dem Schreiben, weil ich Dir das Resultat über den asympto-
tischen Werth der genauen Grenze für das Minimum der positiven quadratischen
Formen mittheilen wollte, von welchem ich schon auf unseren Spaziergängen gesprochen habe. Den Inhalt des reducirten Raumes für die quadratischen Formen
aus den Formeln für die Classenanzahlen eines Geschlechts herzuleiten, war eine
Aufgabe, die mich mehrere Wochen Zeit kostete, da ich mit meinen früheren
Rechnungen in dieser Richtung nicht viel mehr anzufangen wußte. Es hat sich
dabei folgendes Resultat ergeben: Definirt man Formen als äquivalent, wenn sie
durch lineare ganzzahlige Substitutionen mit einer Determinante $+1$ oder -1
in einander übergehen, und setzt man für die positiven quadratischen Formen
mit n Variabeln den Begriff der reducirten Form irgendwie so fest, daß der re-
ducirte Raum in der Mannigfaltigkeit aller Formen aus einer begrenzten Anzahl von Continua besteht, und im Innern dieser Continua keine zwei äquiva-
lenten Formen entsprechende Punkte vorkommen, so ist der Inhalt des reducirten
Raumes gleich

$$\frac{2}{n+1} \prod_{h}^{2,n} \frac{\Gamma\left(\frac{h}{2}\right)}{\pi^{b/2}} S_h, \text{ wobei } S_h \text{ die Summe } 1 + \frac{1}{2^h} + \frac{1}{3^h} + \frac{1}{4^h} + \dots$$

bedeutet.

CHARLES HERMITE

ADOLF HURWITZ

Nachträglich habe ich dann dieses Resultat fast ohne alle Rechnung bewiesen und bin dabei zugleich zu folgendem interessanten Satze gelangt:

Ist in einer Mannigfaltigkeit von n reellen Größen x_1, x_2, $\ldots x_n$ irgend ein n dimensionaler Körper vorhanden, bestehend aus lauter linearen (geradlinigen) Strahlen vom Nullpunkte aus, d. h. also von solcher Art, daß der Körper den Nullpunkt enthält, und jeder Strahl vom Nullpunkte aus, nachdem er den Körper verlassen hat, den Körper nicht wieder trifft, und besitzt dieser Körper ein bestimmtes (durch das n-fache Integral $\int\limits_{(n)} dx_1\, dx_2 \ldots dx_n$ gemessenes) Volumen

$$\leqq 1 + \frac{1}{2^n} + \frac{1}{3^n} + \frac{1}{4^n} + \cdots,$$

so giebt es immer lineare Substitutionen

$$X_h = \sum a_{hk}\, x'_k$$

mit der Determinante 1 von solcher Art, daß wenn der Körper diesen Transformationen gemäß deformirt wird, er weder in seinem Innern noch an seiner Begrenzung Punkte mit ganzzahligen x_1, x_2, $\ldots x_n$ ausser dem Nullpunkt enthält.

Auf eine n-dimensionale Halbkugel mit dem Nullpunkt als Mittelpunkt angewandt, kann dieser Satz folgendermaßen ausgelegt werden:

Ist $\mathcal{K}_n \sqrt[n]{\Delta}$ das größte Minimum, das bei positiven quadratischen Formen mit n Variabeln und der Determinante Δ vorkommt, so ist

$$\mathcal{K}_n^{\frac{n}{2}} > 2\left(1 + \frac{1}{2^n} + \frac{1}{3^n} + \ldots\right) \frac{\Gamma\left(1 + \frac{n}{2}\right)}{\pi^{\frac{n}{2}}}$$

Das Gegenstück zu dem erwähnten Satze, das ich schon früher gefunden hatte, lautete nun:

In der Mannigfaltigkeit der x_1, x_2, $\ldots x_n$ schließt jeder an seiner Begrenzung überall convexe Körper, welcher in dem Nullpunkte einen Mittelpunkt hat und einen Inhalt $\geqq 2^n$ besitzt, nothwendig in seinem Innern oder an seiner Grenze noch ganzzahlige Punkte außer dem Nullpunkte ein; und zwar enthält er solche Punkte stets auch in seinem Innern, wofern seine Begrenzung nicht gerade aus einer endlichen Anzahl von Ebenen besteht. Dieser Satz ergab für die Zahlen $\mathcal{K}_n$:

$$\mathcal{K}_n^{\frac{n}{2}} < 2^n \frac{\Gamma\left(1 + \frac{n}{2}\right)}{\pi^{\frac{n}{2}}}$$

Aus beiden Resultaten zusammengenommen ergiebt sich:

Der Quotient $\dfrac{\log \mathcal{K}_n}{\log n}$ nähert sich mit wachsendem n der Grenze 1.

In Anbetracht des Umstandes, daß bei den von KORKINE und ZOLOTAREFF angegebenen Grenzformen das Minimum höchstens $2\sqrt[n]{\Delta}$ beträgt, ist dieses Resultat schon immerhin ein Fortschritt. —

In der Pfingstwoche habe ich meinen Bruder in Straßburg besucht. Von den dortigen Mathematikern habe ich nur KRAZER und MAURER getroffen. Dann habe ich auf der Rückreise KÖNIGSBERGER kennen gelernt, der einen viel angenehmeren Eindruckt macht, als man nach seinen Schriften erwartet, und schließlich habe ich in Darmstadt HENNEBERG und WOLFSKEHL besucht. GUNDELFINGER war verreist; die beiden anderen beeilten sich aber mir zu berichten, daß er zu wiederholten Malen geäußert habe, wenn er sich zur Ruhe setzen würde, würde er nur mich zu seinem Nachfolger vorschlagen. Dieser einzige Hoffnungsstrahl könnte aber leicht so lange leuchten, bis er lauter graue Haare bescheint.

Grüße bestens die Gebrüder HURWITZ und die anderen Königsberger Mathematiker und lasse bald etwas von Dir hören.

Mit herzlichen Grüßen Dein H. Minkowski

Bonn, den 9. Februar 1892

Lieber Hilbert.

Zunächst mutatis mutandis eine repetitio Deiner eigenen Vertheidigung. Einige neu hinzukommende Milderungsgründe unterdrücke ich, da von einer Anklage mit Sicherheit nichts verlautet hat. Gänzlich unberührt von allen Mathematiker-Bewegungen, und gänzlich arm an Mathematiker-bewegenden Fortschritten, hätte ich, von Tag zu Tag trübsinniger und unerfreulicher werdend, vielleicht noch einige Heilige in meinem Kalender mit zwei Tintenstrichen gekreuzigt, ohne mich Dir in Erinnerung zu rufen, wenn nicht der Brief von HURWITZ heute wieder etwas Leben in meine Bude gebracht hätte.

Dass es nur eine Frage der Zeit sein konnte, wann Du die alten Invariantenfragen soweit erledigt haben würdest, dass kaum noch das Tüpfelchem auf dem i fehlt, war mir eigentlich schon seit lange nicht zweifelhaft. Dass es aber damit so schnell geht, und alles so überraschend einfach gelingt, hat mich aufrichtig gefreut, und beglückwünsche ich Dich dazu. Jetzt, wo Du in Deinem letzten Satze sogar das rauchlose Pulver gefunden hast, nachdem schon Theorem I nur noch vor GORDANS Augen Dampf gab, ist es wirklich an der Zeit, dass die Burgen der Raubritter STROH, GORDAN, STEPHANOS und wie sie alle heissen mögen, welche die einzelreisenden Invarianten überfielen und in's Burgverliess sperrten, dem Erdboden gleich gemacht werden, auf die Gefahr hin, dass aus diesen Ruinen niemals wieder neues Leben spriesst. Wärst Du nicht so sehr radical, und könntest Du Deine Arbeitskraft nicht noch viel ergiebiger verwenden, so würdest Du eine Wohlthat den Mathematikern erweisen, wenn Du einmal eine Zusammenstellung desjenigen Materials auf diesen Gebieten machtest, auf welches man bauen kann. So aber wirst Du wahrscheinlich auf Deinen KERSCHENSTEINER warten, und bei dem werden wohl noch viele Kerschensteine übrig bleiben.

45

Wenn man in Hurwitz Brief die Lobrede auf mich als Mathematiker liest, „möcht's leidlich scheinen, steht aber doch schief darum". Ihr könnt's nur glauben, ich fühle es am besten.

Zu den mathematischen Gesprächen, die ich mit Lipschitz in seinem Hause habe, erscheint in der Regel seine Frau, die schon dem grossen Einmaleins kein rechtes Interesse mehr abgewinnen kann. Doch hat Lipschitz mich mehrmals besucht, und machte dann einen ganz frischen Eindruck. Er meint, jetzt über die Anzahl der Primzahlen etwas herauszubekommen, ausgehend von der Frage, auf wie viel Arten kann man n Individuen zu a Haufen gruppiren. Ich habe auf seinen Wunsch nachgesehen, ob diese Frage an irgend einer Stelle vorkommt, aber nichts darüber in der Litteratur auftreiben können. Weisst Du oder Hurwitz zufällig einen darauf bezüglichen Aufsatz, so bitte ich Dich, es mir auf einer Postkarte mitzutheilen. Lipschitz hat in meiner Arbeit für mich eine heillose Verwirrung angerichtet. Er meinte, man dürfe nicht für neue Begriffe Worte gebrauchen, mit welchen man gewohnt ist, Vorstellungen zu verbinden, die bei der neuen Anwendung nicht vollkommen zutreffen; da er ja nun recht hat, so habe ich manche Bezeichnungen sehr kühn geändert, und infolgedessen klingt mir meine Arbeit stellenweise wie die reine Bierzeitung.

Anfang März werde ich jedenfalls wieder nach Königsberg reisen.

Herzlichen Gruss an Dich und Hurwitz major und minor natu

Dein H. Minkowski

(Postkarte)   Berlin, den 20. April 1892

Lieber Hilbert! A. sagt, in den nächsten Wochen kommt ein großer Mathematikerschub. Es sollen besoldete Extraordinariate erhalten*): Du, ich, Eberhard und Study. Ich habe nicht unterlassen, Dich als den kommenden Mann der Mathematik (Dein Frl. Braut ist hoffentlich nicht böse) hinzustellen. Bei Study konnte ich mit gutem Gewissen nur seinen guten Willen und Fleiß rühmen. Dir und Eberhard ist A. sehr zugethan. Herzlichen Gruß Dein Minkowski

*) in den nächsten Wochen

46

Bonn, den 11. Juni 1892

Lieber Hilbert!

Soeben lese ich ein Telegramm der Kölnischen Zeitung, dass Hurwitz nach Zürich geht, und durch diesen Umstand wird Dein schrecklicher Pessimismus sich wohl soweit gelegt haben, dass man wieder wagen darf, ein freundliches Wort an Dich zu richten. In einigen Wochen ist nun hoffentlich die Privatdocentenkrankheit für dich definitiv vorüber, und dann hat sie am Ende gar nicht so lange angehalten. Du siehst, zu guter letzt kommt doch einmal Frühling und Sommer. — Diese Woche war ich in Strassburg. Von den Mathematicis habe ich nur Christoffel getroffen, der viel von der Stellung eines Mathematikers in Zürich schwärmte, im Übrigen seiner bösen Zunge freien Lauf liess. Er wollte wissen, wer nach Marburg kommt. Ich konnte es ihm aber beim besten Willen nicht verrathen. — Braunsberg ist nun für die Mathematiker auf absehbare Zeiten verloren. Ich dachte, Eberhard würde es beschert sein, in das Amt von Killing einzutreten, jedes Semester einmal das Dasein Gottes mathematisch zu beweisen. — Seinerzeit sagte mir Althoff, Weber hätte ihm empfohlen, mich in Marburg zum Extraordinarius zu machen. Aber Sie bleiben lieber in Bonn, fügte er trotz meiner Einwendungen hinzu. — Ich bin jüngstens in einen Briefwechsel mit Schoenflies eingetreten, der an mich eine Anfrage über reguläre Raumeintheilungen richtete. Doch scheint dabei Nichts herauszukommen, indem Schoenflies alle Vermuthungen, die ich ausspreche, beweisen will, ich aber die Beweise anzweifle. Er hat eine verteufelt geometrische Manier, so dass ich an meine einstige Doctorthese erinnert werde. — Heute habe ich einen Prachtband „gesammelte Abhandlungen von Kronecker" mit einer Photographie Kroneckers im Auftrage der Angehörigen durch Hensel zugeschickt erhalten. Meine grosse Freude wurde etwas durch den Umstand gemildert, dass ich fast alle in der Sammlung enthaltenen Arbeiten bereits besass. — Für den Fall, dass die Hochzeit von Hurwitz auf einen anderen Tag als den 23ten Juni angesetzt ist, bitte ich Dich, mich davon zu benachrichtigen.

Ich wünsche Dir, dass Du nun so schnell und so günstig wie möglich die Nachfolgerschaft von Hurwitz antreten mögest.

Mit den besten Grüssen und der Bitte, mich Deinem Frl. Braut zu empfehlen

Dein H. Minkowski

Lieber Hilbert,

Deine Karte und Deinen Brief habe ich mit Vergnügen gelesen. Ich danke Dir herzlich für Deine Gratulation und mache meine, die eigentlich noch keine regelrechte gewesen ist, hiermit zu einer solchen. Du wirst Dich wohl nun endgültig zu dem Glauben bekehrt haben, daß die maßgebenden Stellen Dir aufrichtig wohlgesinnt sind und damit auch Deine Aussichten für die Zukunft vortreffliche sind. Daß die besondere Verpflichtung, die Du für 3 Jahre eingegangen bist, Dich drücken wird, glaube ich nicht, aber wohl, daß sich Dir dadurch noch Gelegenheit zu ähnlichen, energischen Telegrammen nach Berlin bieten wird, wie sie LINDEMANN kürzlich gerichtet hat. Ich dachte, ob nicht HURWITZ Dich als Nachfolger für SCHOTTKY in Vorschlag bringen wird. Daß übrigens ich schon allein durch die Gleichheit der Konfession mit HURWITZ dort ausgeschlossen bin, leuchtet mir vielleicht noch besser als Anderen ein.

In den letzten Tagen habe ich meinen ältesten Bruder hier gehabt, und nach seinen Mittheilungen erscheint es fast unmöglich, daß ich in diesen Ferien nach Königsberg komme. Meine Mutter gedenkt in der nächsten Woche nach Ems zu gehen, also in meiner unmittelbaren Nähe zu verweilen; meine Geschwister habe ich sämmtlich in den letzten Monaten zu sehn Gelegenheit gehabt. Als einziger Grund für eine Reise nach Königsberg und durch den ich mich auch mit Vergnügen zu einer solchen bestimmen lassen würde, bliebe so die Theilnahme an Deiner Hochzeit. Da aber meine Mutter jedenfalls längere Zeit in dieser Gegend bleiben wird und außer mir keinen Angehörigen in der Nähe hat, so wird es kaum angehen, daß ich verreise. Freilich sind jetzt mehr als je alle noch nicht ausgeführten Pläne unsicher, wie man an der armen Nürnberger Naturforscherversammlung sieht, zu der ich schon seit vier Wochen eine Wohnung bei einem der ersten Patricier dort hatte. Wenn ich nun auch wahrscheinlich an Deiner Hochzeit nicht werde theilnehmen können, so bitte ich Dich doch, mir den Tag derselben, wenn er festgesetzt sein wird, mitzutheilen.

Mit meinem Buche bin ich soweit, daß ich mich in diesen Tagen an einen Verleger wenden werde. Ich mochte es nicht thun, bevor Alles klipp und klar war. Ich habe alles Principielle, was ich benutze, also beispielsweise die Hülfssätze aus der Functionentheorie, auseinandergesetzt; wer das Buch lesen sollte, wird auf Treu und Glauben nur Formeln über Gammafunctionen und dergl. hinzunehmen

brauchen. Ein Kapitel über den Integralbegriff habe ich jetzt kürzer gefaßt, als ich ursprünglich beabsichtigte, um nicht zuviel Wiederholungen mit der Arbeit von JORDAN zu haben, die jüngstens im Liouville'schen Journal erschienen ist. Es ist das eine fundamentale und sehr interessante Arbeit, deren Lectüre Dir jedenfalls auch Freude machen wird.

Als drohendes Gespenst für den Rest der Ferien lauern auf mich im Träumen und Wachen die Referate für die Fortschritte. Ich wollte, daß wenn schon etwas der Choleragefahr wegen ausfallen muß, es lieber diese Referate als die Naturforscherversammlung wären.

Wie steht es mit Deiner Arbeit in den Acta, auf die ich schon sehr gespannt bin? Daß Du etwas wissenschaftliches zu schreiben versprichst, läßt mich wieder einmal einen großen Fund vermuthen. Die angenehme Stimmung, in der Du Dich auch augenblicklich jedenfalls befindest, kann ja ihre Rückwirkung auch auf Deine wissenschaftliche Thätigkeit nicht verfehlen.

Mit besten Grüßen an Dich und Dein Frl. Braut

Dein   Minkowski

Bonn, den 23ten Februar 1893

Lieber Freund!

Als ein Unrecht ohne Gleichen muss ich es selbst bezeichnen, dass ich auf Deinen letzten Brief noch nicht geantwortet habe; namentlich befürchte ich auch, ich könnte mir durch die so an den Tag gelegte Schlechtigkeit den Unwillen Deiner jungen Frau zugezogen haben. Nachdem ich aber vor einer Stunde Deine Note über e und π erhalten habe, auf die ich schon sehr gespannt war, kann ich doch nicht anders, als Dir unverzüglich meine aufrichtige herzliche Bewunderung aussprechen. Manch einer dürfte wohl, wie einst EULER bei einer Entdeckung von LAGRANGE ausrufen: Penitus obstupui, quum hoc mihi nunciaretur, und die Zahl der Leser, die diese Notiz Deinen übrigen Arbeiten zuführen wird, dürfte ausserordentlich sein. Ich kann mir auch die Gemüthserschütterung von HERMITE beim Lesen Deines Aufsatzes ausmalen, und wie ich den alten Herrn kenne, wird es mich nicht wundern, wenn er Dir demnächst seine Freude darüber berichten sollte, dass er Dieses noch erleben durfte. —

Dass ich auch Weihnachten nicht nach Königsberg kam, daran war noch immer mein Buch schuld und die ungemüthliche Stimmung, in welche ich dadurch versetzt wurde, dass es so langsam fertig wurde. Es ist wirklich ärgerlich, dass ich so viel Zeit mit lauter Kleinigkeiten verloren habe, für die mir doch kaum einer Dank wissen wird. Jetzt steht es mit dem Buche so weit, dass die Hälfte seit vier Wochen fertig gedruckt ist, und ich das Manuscript der zweiten Hälfte demnächst abgehen lassen will. Den Grenzfall des Satzes über n lineare Formen mit n Variabeln, von dem ich Dir mehrmals sprach, habe ich trotz mancher Versuche nicht zur Zufriedenheit erledigen können, und ich habe dabei ganz den Eindruck, dass jemand, der nicht gerade in den Vorurtheilen, die ich mir allmählich angelegt habe, befangen ist, die betreffenden Schwierigkeiten auf den ersten Anhieb überwinden könnte. Wenn Du augenblicklich Musse genug dazu hast und Dich dafür interessirst, möchte ich Dir die in Betracht kommende Partie im Reindruck zusenden, damit Du Dein Heil damit versuchest. Ich würde grossen Werth darauf legen, eventuell noch in einem Anhang einen Beweis für die von mir ausgesprochene Vermuthung mittheilen zu können. Überhaupt wollte ich Dich fragen, ob Du vielleicht nicht abgeneigt wärest, das Buch nach seinem Erscheinen in den Göttinger Anzeigen zu besprechen. Solchen Zwang wie z. B. bei STUDY würdest Du Dir dabei nicht anzulegen brauchen. HERMITE übrigens war von den ihm

mitgetheilten Resultaten sehr enthusiasmirt und hat mir bereits den dritten ent-
zückten Brief geschrieben. Wenn Du übrigens aus irgend einem Grunde eine Be-
sprechung nicht übernehmen möchtest, würde ich es Dir auch nicht verdenken. —
Nach Königsberg werde ich wohl erst Ende März kommen, da meine Mutter
noch so lange in Wiesbaden bleibt und dann wahrscheinlich ebenfalls nach Königsberg reist. — Umsomehr bitte ich Dich, nicht meine Schlechtigkeit zu ver-
gelten, sondern mir Nachrichten über Dich und Deine Erlebnisse zukommen zu
lassen, bin ich hier doch in einer viel unglücklicheren Lage als Du; ebenso abgeschlossen wie Königsberg von der übrigen Welt ist, ebenso abgeschlossen ist Bonn
von den Mathematikern; man ist hier ein reiner mathematischer Eskimo und
freut sich über jede Post, die im Laufe der Zeit sich einmal hierher verirrt.

Mit herzlichen Grüssen an Dich und Deine Frau

Dein

H Minkowski.

Bonn, den 2. Juni 1893

Lieber Hilbert.

Soeben erhielt ich Deine Karte. Dass ich nach Deinem letzten Briefe noch
nichts von mir habe hören lassen, hat seinen wahren Grund eigentlich darin, dass
ich mich etwas schäme, und vor Dir am meisten, meiner Arbeitsmethode wegen;
näher brauche ich mich kaum auszulassen. Ich habe auch entschieden vor, mich
zu ändern, denn auf die Dauer dürfte ich es so nicht weit bringen. Wenn erst
mein Buch demnächst heraus sein wird, mit dem ich dann hoffe zugleich meine
didaktische Befähigung etwas bewiesen zu haben, will ich mich aus den schon arg
von der Cultur beleckten mathematischen Stammtischen, an denen ich jetzt sitze,
wieder etwas in die freie Welt begeben, wo man noch unzerlegte Primideale und
Gattungsdiscriminanten wild wachsend trifft, mit denen man dann bloss einen
Pact zu schliessen braucht, um ihr König zu sein. Aber da ich es nun einmal frei-
willig übernommen habe, eine Zeit lang Thüren zu streichen und Fenster zu lacki-
ren, so muss ich dies schon zu Ende führen. Hoffentlich dauert es nicht mehr lange.

Das letzte, was ich in mein Opus eingefügt habe, war ein Beweis für die periodische Entwicklung von quadratischen Irrationalzahlen in Kettenbrüche. Es ist wirklich merkwürdig, dass diese alte Frage sich noch in so schlechtem Zustande befand und man alles darin auf ein paar Formeln basirte, die durch Zufall hineingeschneit kamen. Überhaupt glaube ich, dass jeder gesittete Mathematiker einen Horror vor den Abschnitten über Kettenbrüche in den Lehrbüchern haben muss. In meiner Darstellung ist von Rechnung kaum eine Spur und glaube ich durch dieselbe auch das bisherige, immer sehr unbestimmt auftretende Verlangen nach Verallgemeinerungen der Lehre von den Kettenbrüchen verständig präcisirt zu haben. Nachdem das betreffende Kapitel und mein Beweis der DIRICHLETschen Sätze über die complexen Einheiten gedruckt sein wird, sende ich Dir den grösseren Theil meines Buches zu.

Dass LINDEMANN den Ruf nach München bekommen hat, machte mich eigentlich über die Art, wie das Schicksal seine Gaben vertheilt, lachen. Die Münchener werden wohl auch Wind von den feenhaften italienischen Nächten, die er als Rector veranstaltet haben soll, bekommen haben; oder sollten sie sich noch immer durch die Quadratur des Cirkels gruselig machen lassen. Ich sehe es als gegeben an, und bei einigem Gerechtigkeitsgefühl wird wohl auch LINDEMANN nicht anders denken können, dass Du sein Nachfolger wirst; wenn er es durchsetzte, würde er wenigstens mit Ehren von dem 10 Jahre innegehabten Platze abtreten.

Für KLEIN soll ich auch ein Referat machen; das wäre schon der vierte Bericht über die Arbeit; ich wollte, sie wäre schon endlich heraus. Über die Art, wie mich jüngstens einmal KLEIN in den Göttinger Nachrichten citirt hat, habe ich mich nicht wenig amüsirt; ich dachte aber, seine Absicht war gut. Was er dort auseinandersetzte, steht übrigens schon in einem Aufsatze von POINCARÉ aus dem Jahre 1880.

Jüngstens war STUDY hier zu einem Musikfeste. Wir haben einen Ausflug zusammen gemacht. Er meinte, Du und er, Ihr hättet eure Rollen vertauscht; Du wärest der Kritiker und er der in seinen Urtheilen bescheidene geworden; seine Urtheile über Dich und Deine Arbeiten waren gelungen, ich erzähle davon einmal in Cranz; er scheint etwas mit dem Schicksal zu grollen.

LIPSCHITZ, den ich bewogen habe, Deine Note über e zu lesen, sagte „meisterhaft".

Meine Referate habe ich, nachdem ich sie bis zum äussersten Termin herausgeschoben hatte, ziemlich rasch, und ich glaube noch gut genug erledigt. Ich hatte

52

EDUARD STUDY

HENRI POINCARÉ

aber mehr Freude davon erwartet. Die POINCARÉ'sche Preisarbeit hat mir nicht so mächtig imponirt wie NÖTHER, obwohl ich glaube, sie nicht weniger gut verstanden zu haben. Ich hatte noch über einen zweiten grösseren und ganz interessanten Aufsatz von POINCARÉ aus der Potentialtheorie zu referiren; ich muss aber sagen, ich würde es niemals über mich gewinnen können, Arbeiten in solchem Zustande wie POINCARÉ zu publiciren.

Meine Collegia über Analytische Geometrie des Raumes und Anwendungen der elliptischen Functionen sind auch nicht allzustark besucht. Ich habe aber recht verständige Zuhörer, ich glaube, zwei oder sogar drei von ihnen denken eines Tages Concurrenten zu werden.

Nach Cranz werde ich mit Anfang August kommen. Es ist nur schade, dass ich so bald wieder zurück müsste, wenn ich nach München wollte.

Mit den besten Grüssen an Dich und Deine Frau

Dein
H. Minkowski

Bonn, den 5. 8. 93.

Lieber Hilbert.

Herzlich freue ich mich, dass es so gekommen ist, wie ich eigentlich mit grosser Zuversicht vorausgesehen habe, und ich wünsche Dir und Deiner Frau herzlich Glück zu Deinem Erfolge. ALTHOFF ist mir eigentlich immer, trotz seiner Absonderlichkeiten, als ein Mann von richtigem Urtheil und gerechtem Handeln erschienen; zu den Ungerechtigkeiten, die man mitunter bei ihm erlebt, mag er vielfach gezwungen werden. — Gleichzeitig mit Deinem so erfreulichen Briefe wurde mir ein Gestellungsbefehl zu einer vierzehntägigen Übung vom 28. August an überreicht. Nun ist wirklich guter Rath theuer, ich werde alle Hebel in Bewegung setzen, um von der Übung loszukommen. In der Regel aber wird die Antwort erst am Morgen des Einberufungstages an Ort und Stelle ertheilt; ausserdem werden die Leute, weil jetzt das Kaisermanöver hier sein soll, ganz besondere Schwierigkeiten machen. Wenn ich diesen Schicksalsschlag noch hätte ahnen können, wäre ich sicherlich schon seit einer Woche in Königsberg; so könnte ich jetzt gerade nur für 14 Tage dorthin.

Wenn ich in Deine Stelle in Königsberg würde einrücken können, würde ich es, glaube ich, aus vielen Gründen als ein besonderes Glück zu betrachten haben. Der Umgang hier mit meinen mathematischen Kollegen ist wirklich bejammernswerth; der eine klagt über Migräne, so wie man a oder x sagt; bei dem anderen tritt innerhalb fünf Minuten die Frau dazwischen, um dem Gespräch eine andere Wendung zu geben. Für meine wissenschaftliche Entwicklung wäre es deshalb ein Unterschied wie Tag und Nacht, wenn ich diesen Umgang mit dem Deinigen vertauschen könnte. Und mit meinem Gehalt würde ich jedenfalls in Königsberg, auch wenn es nicht wesentlich grösser würde, besser reichen als hier.

Nach Deinen mathematischen Bemerkungen in Deinem Briefe scheinst Du den Aufsatz „Intorno ad un teorema di aritmetica" von ITALO ZIGNAGO, studente della matematica all'Università di Genova im letzten Heft der Annali di Matematica noch nicht gelesen zu haben. Die Sache grenzt an's Fabelhafte. ZIGNAGO beweist, dass in jeder arithmetischen Progression (welche relativ prime Zahlen darstellen kann) unendlich viel Primzahlen da sind, auf so einfachem Wege, dass der Beweis wirklich nicht complicirter ist als der EUCLIDische Beweis, dass es überhaupt unendlich viele Primzahlen giebt. Ich würde Dir seinen Beweis hier excerpiren, wenn ich nicht mich beeilen wollte, um Aufschluss über die Möglichkeit zu erlangen, von der Übung befreit zu werden. Ist die Sache ganz aussichtslos, entschliesse ich mich vielleicht kurzer Hand, noch auf zwei Wochen nach Königsberg, resp. Cranz zu kommen.

Mit herzlichem Grusse

Dein

H. Minkowski

Bonn, den 29. November 1893

Lieber Freund,

Besten Dank für Deinen Brief; Deine Äusserungen klären trotz der grossen Discretion, die ihnen innewohnt, den Sachverhalt doch genug auf, sodass ich wohl demnächst Veranlassung nehmen kann, mich mit LIPSCHITZ auszusprechen. Er ist augenblicklich wieder in einem recht müden Zustande, und es wird nicht ganz leicht sein, ihn zu bewegen, dass er, eintretendenfalls von ALTHOFF angefragt, nicht Schwierigkeiten schafft. Schon vor längerer Zeit, als ich einmal KORTUM gegenüber eine Anspielung in Bezug auf Deine Absichten gemacht hatte, kam bald LIPSCHITZ in ziemlicher Erregung zu mir. Der Grund, weshalb er mein Hierbleiben wünscht, wird wohl zumeist sein, weil er nun einmal an mich gewöhnt ist und bei seinem Zustande mit der Berufung eines neuen Docenten für ihn mannigfache Aufregungen verknüpft sein würden. Aber schliesslich wird er — wenn auch vielleicht nicht seine Frau — doch einsehen müssen, dass es stark wäre, mir zuzumuthen, auf eine mir winkende Verbesserung meiner ganzen Lage aus Rücksichten auf seine Person zu verzichten.

Ein ganz festes Versprechen, zu Weihnachten nach Königsberg zu kommen, kann ich noch nicht geben, doch hoffe ich dies zu thun. Mein Buch bin ich dann jedenfalls los. Ich will an dasselbe möglichst bald einige kleinere Publicationen anschliessen, und jetzt, wo KRONECKER nicht mehr da ist und WEBER Mitredacteur der Annalen ist, stehen mir diese wohl auch am nächsten.

LIE steht wohl in seiner Art bisher einzig unter den Mathematikern da, wenn es auch schon viele gegeben haben wird, die in Würdigung eigener Leistungen

55

fast an ihn heranreichten. Was sagt denn eigentlich KLEIN, der doch zum grossen Theile LIE's Stellung geschaffen!

FRANZ MEYER, der 11 Bogen von meinem Buche gelesen und von den Resultaten erbaut ist, findet die Methoden sehr schwierig. Ich habe aber den Eindruck, dass es Begriffe wie Punktmenge, Häufungsstelle, obere Grenze und Maximum, gleichmässige Stetigkeit u.s.w. sind, die ihm, überhaupt oder in solcher Ausdehnung, zum ersten Male begegnen und die Schwierigkeiten verursachen.

BRUNN glaubt den Satz, dass ein, aus einer endlichen Anzahl von convexen Körpern mit Mittelpunkt aufgebauter Körper stets wieder einen Mittelpunkt hat, beweisen zu können; der Beweis soll complicirt sein.

Ich habe opus 35 vom Geh. Hofrath H. SCHEFFLER „Beleuchtung und Beweis eines Satzes aus LEGENDRE's Zahlentheorie" zu lesen begonnen. Es handelt sich um den Satz, der nach PILZ falsch ist; SCHEFFLER will ihn mit Hülfe der TCHEBYCHEF'schen Sätze beweisen können; so ganz dumm scheint der Inhalt des Aufsatzes nicht zu sein.

Wie wir unser Referat theilen sollen, wird sich in vielen Einzelheiten wohl allmählich erst herausstellen. Im ganzen dürfte wohl Dein Plan zutreffend sein.

SCHOENFLIES will PLÜCKER's Abhandlungen herausgeben, wozu, weiss ich freilich nicht. In PLÜCKER's wissenschaftlichen Nachlass ist, soweit ich hier für ihn auskundschaften konnte, seinerzeit Käse eingewickelt worden. Ein Schüler und Freund von PLÜCKER hatte allerdings vorher seinen Segen dazu gegeben.

Dein Franz kann jetzt wohl schon vieles Andere ausser Schreien? Bitte mich Deiner Frau bestens zu empfehlen. Mit bestem Grusse

Dein

H. Minkowski

Bonn, den 20. December 1893

Lieber Freund,

Nun bleibe ich doch die Weihnachtsferien hier; ausschlaggebend ist für mich gewesen, dass ich seit ein paar Wochen stark erkältet bin und deshalb einen gewissen Horror vor der Reise habe. Ich könnte auch durchaus nicht im wünschens-

Heinrich Weber

Sophus Lie

werthen Grade an mathematischen Spaziergängen theilnehmen. Ich bedauere, so um Deine mir in Aussicht gestellten mündlichen Mittheilungen, zu kommen, tröste mich aber damit, dass, wenn auch meine Neugier befriedigt würde, dies die ganze Entwicklung der Berufungsangelegenheit nicht beeinflussen könnte. Auch über unser gemeinsames Referat habe ich noch so wenig nachgedacht, dass ich lieber erst nach einiger Zeit darüber conferiren möchte.

Wie ich vorhatte, habe ich die Bemerkung, die Du mir auf den Spaziergängen in Cranz gemacht hast, in einem Anhange zu meinem Buche wiedergegeben; zum Theil habe ich sie jetzt auch DEDEKIND bei Gelegenheit des Dankschreibens für Zusendung der neuen Auflage der Zahlentheorie mitgetheilt. Schade, dass ich mich mit meinem Buche nicht etwas mehr beeilt habe. DEDEKIND hätte auf dasselbe doch an manchen Stellen Rücksicht nehmen müssen.

Ich wünsche Dir und Deiner Frau vergnügte Feiertage und verbleibe mit besten Grüssen

Dein

H. Minkowski

Bonn, 31. December 1893

Lieber Freund,

Gestern habe ich Dir das Neueste telegraphirt, weil ich mir sagte, dass nun guther Rath theuer wäre und Du vielleicht noch schnell einen finden könntest. Nach Empfang Deines Briefes vorgestern habe ich sogleich LIPSCHITZ aufgesucht und ihm nach meiner Ansicht klar genug auseinandergesetzt, dass es mein Wunsch sei nach Königsberg zu kommen, und ihm ALTHOF's Brief angekündigt. Er gerieth in eine sehr deprimirte Stimmung, blickte ganz ängstlich um sich, sagte „sehr unangenehm", schien aber alles zu würdigen, zuzugeben und schliesslich nur das eine auszusetzen zu haben, dass ich schon zu Ostern weg sollte, und versprach zuletzt, mit mir noch einmal zu sprechen, sowie er das Schreiben von ALTHOFF erhalten haben würde. Dies ging ihm denn am nächsten Morgen zu, wie mir KORTUM gestern Abend mittheilen kam. Er wäre mit dem Briefe ganz verstört zu KORTUM gekommen, und sie hätten dann ALTHOFF zunächst ganz kurz geantwortet, er müsste mich unbedingt hier so verbessern, dass ich nicht nach Königsberg zu gehen brauche. Sie hätten anfangs STUDY gar nicht erwähnt, aber zuletzt noch einen Zusatz gemacht, dass es ihnen fern läge, mit ihrem Vorschlage irgend ein Urtheil über STUDY abgeben zu wollen. Nach diesem Bericht von KORTUM schienen mir die Dinge sehr schlimm zu liegen. Aber schliesslich scheint es mir doch, dass ALTHOFF jetzt thun kann, was er will. Er brauchte nur zu antworten, dass er mich unmöglich hier besser stellen kann, und mich daraufhin nach Königsberg berufen. Und was STUDY betrifft, der bei seinem Hiersein im Sommer LIPSCHITZ persönlich gut gefallen hat, würde es den Beiden, L. und K., wenn sie nicht dabei den Collegen gegenüber an Ansehen zu verlieren fürchten würden, sicher am gedientesten sein, wenn ALTHOF ihn ohne Weiteres hersetzte und sie die Mühen der Berufung vermieden. Ebensogut aber kann ALTHOF in diesem Augenblick bereits die Versetzung von STUDY nach Königsberg bewirkt haben. Ich weiss wirklich nicht, wie ich bei der Eigenart von LIPSCHITZ und KORTUM auf sie besser hätte einwirken können als ich es gethan habe, und ich habe noch nicht alle Hoffnung aufgegeben, dass ich doch noch nach Königsberg in Deinen Wirkungskreis komme, worauf ich schon so sehr mich gefreut hatte.

HERMITE hat mir die Zusendung einiger noch nicht veröffentlichter älterer Arbeiten von ihm über Verallgemeinerungen von Kettenbrüchen in Aussicht ge-

stellt. Von der Reduction der quadratischen Formen erhofft er immer noch Dinge,
die nach meiner Meinung nicht daher zu erwarten sind, Kriterien für den Affect
einer algebraischen Gleichung z. B.

Herzliche Glückwünsche für Dich und die Deinigen zum neuen Jahre, und
herzlichen Dank für Deine vielen Bemühungen in meinem Interesse.

Dein H. Minkowski

Berlin, den 3ten Januar 1894

Lieber Freund !

Ende gut, Alles gut! Auf einen mir gestern zugegangenen Brief von ALTHOFF
hin bin ich heute hierhergekommen, habe für Königsberg angenommen und ein weit
grösseres Gehalt bekommen, als ich erwartete, 2700 + 660 M. Ich soll Dir von
ALTHOFF einen schönen Gruss bestellen, er schwärmt förmlich für Dich. Herzlichen Dank für alle Deine vielen Bemühungen, die zu diesem erfreulichen Resultat geführt haben; und hoffen wir ein angenehmes und erspriessliches Zu-
sammenleben, dass die Primzahlen und Reciprocitätsgesetze wiggeln und wag-
geln !

Bitte mich Deiner Frau bestens zu empfehlen. Herzlichen Gruss Dein

Minkowski

Bonn, den 10. Januar 1894

Lieber Freund,

Besten Dank für Deine und Deiner Frau Glückwünsche. Heute ist mir bereits das ministerielle Schreiben über meine Versetzung zugegangen, wonach ich
nun in Königsberg im Verein mit dem Fachordinarius die mathematischen Dis-
ziplinen in Vorlesungen und Übungen umfassend vertreten soll. Zugleich werde
ich ersucht, das Verzeichniss der von mir für nächstes Semester anzukündigenden

Vorlesungen umgehend an euren Decan einzusenden. Ich bitte Dich daher mir mitzutheilen, was bereits in Königsberg f. n. Semester von mathematischen Vorlesungen angekündigt ist, und um Deine Meinung, was rathsam wäre, dass ich ankündige. Besondere Wünsche habe ich nicht gerade, Algebra oder irgend ein Gebiet aus der Analysis wäre mir aber lieber als Geometrie. Übrigens hat die eilige Anzeige beim Dekan wohl nur einen Sinn, wenn euer Vorlesungsverzeichniss noch im Druck ist.

EBERHARD's Ernennung ist wohl auch schon heraus. Wenigstens notirte ALTHOFF sich dieselbe zum Vortrage beim Minister in meiner Gegenwart.

Mit besten Grüssen

Dein   Minkowski

Bonn, den 8. Februar 1894

Lieber Hilbert!

Auf irgend eine Weise wirst Du mittlerweile wohl ersehen haben, dass ich für nächstes Semester Algebraische Gleichungen 4 st., Liniengeometrie 2 st., Übungen zur Algebra 1 st. angezeigt habe. Mit den Ausführungen in Deinem letzten Briefe konnte ich nur einverstanden sein. Über den erziehlichen Werth der Geometrie lässt sich nicht streiten, wenn auch in anderen Gebieten der Mathematik mehr Leben ist. — Dass STUDY hierherkommt, ist wohl sicher. Die Art, wie er vorgeschlagen ist, entspricht dem mathematischen Zustande meiner gegenwärtigen Kollegen hier. KORTUM, der es übernommen hatte, die Vorschläge zu machen, und infolge der Mittheilungen von ALTHOFF ein menschliches Rühren über STUDY empfand, war zunächst sehr deprimirt, als er in seinen Arbeiten zu blättern begann. Schliesslich ermannte er sich dazu, die kürzeste der Arbeiten, einen Aufsatz über (WEIERSTRASSsche) Einheiten in den Göttinger Nachrichten eingehender zu studiren. Wie er nun da etwas traf, was ihm einigermassen gefiel, las er nichts mehr weiter, um ja nicht wieder einen ungünstigeren Eindruck zu erhalten, und setzte STUDY an die erste Stelle. An zweiter sind HENSEL, der als Schüler von LIPSCHITZ und KORTUM angesehen wird, weil er hier sein erstes Semester zubrachte, und STÄCKEL, dessen Arbeiten wenigstens sogleich in den Überschriften

PAUL STÄCKEL

KARL WEIERSTRASS

hier gewürdigt werden, vorgeschlagen. Es ist also keine Frage, dass STUDY herkommt.

Allmählich beginne ich hier meine Bündel zusammenzuschnüren. Ich gedenke, in den ersten Tagen des März abzureisen, und will zunächst die schon lange gehegte Absicht zur Ausführung bringen, in Göttingen einen Besuch zu machen. Wer weiss, wann ich später dazu kommen könnte, und es ist ja ganz interessant, die mathematische Werkstätte, die vorderhand im meisten Ansehen steht, einmal zu inspiciren Dann habe ich FRANZ MEYER einen Besuch zugesagt und vielleicht halte ich auch bei DEDEKIND an. Schliesslich werde ich auch in Berlin ein paar Tage zubringen, sodass ich wohl erst gegen Mitte März in Königsberg eintreffen werde. Hast Du irgendwelche Fragen, die ich mit Bezug auf unser Referat unterwegs, namentlich bei WEBER und DEDEKIND, stellen könnte, so unterlasse nicht, mir davon zu schreiben. Selbstverständlich werde ich alle Mathematiker, die ich sprechen werde, zu Gegenbesuchen in Königsberg animiren.

Mit besten Grüssen und der Bitte, mich Deiner Frau zu empfehlen

Dein   H. Minkowski

Königsberg in Pr., den 20. August 1894

Lieber Freund.

Besten Dank für Deinen Brief und Eure wiederholte liebenswürdige Einladung. Ich muss den Ausflug nach Rauschen leider noch aufschieben. Die Hochzeit meines Bruders findet 14 Tage früher, als ursprünglich geplant war, statt, sodass ich schon Anfang nächster Woche nach Karlsruhe reisen werde. Ich besuche Dich deshalb lieber erst nach der Reise, von der ich doch wohl irgend welche Neuigkeiten mitbringen werde. Der eine oder der andere College wird mir doch unterwegs in den Weg laufen. — Wie ich heute in einer Zeitung gelesen habe, ist WIENER in Darmstadt Ordinarius geworden, und MERTENS in Wien an der Universität. Jetzt haben doch die Wiener wenigstens einen Mathematiker. Wie sich KLEIN mit seinem populären Vortrag über RIEMANN in Wien aus der Affaire ziehen wird, bin ich wirklich neugierig. — Ich werde gegen den 10. September von meiner Reise zurückkommen und Dich dann sehr bald aufsuchen. Dass Du jetzt so wenig zum Arbeiten kommst, werden die elliptischen Functionen und die Reciprocitätsgesetze danach wahrscheinlich um so mehr entgelten müssen. — Ich bin mit den Kettenbrüchen für zwei reelle Grössen ziemlich fertig, die nun erledigte Ausführung dieser Untersuchung wird doch, glaube ich, ganz lehrreich sein; es ist viel Ähnlichkeit mit dem JACOBISCHEN Algorithmus vorhanden; mein Algorithmus besitzt etwas mehr Chicanen, lässt aber dafür die Entscheidung aller möglichen Fragen zu, auf welche bei jenem die Antworten zweifelhaft bleiben. HERMITE hat jetzt das, was ich ihm von meinem Buche geschickt hatte, genau studirt. Er schreibt darüber sehr entzückt an den Übersetzer: Je crois voir la terre promise, u. dergl.

Mit bestem Grusse und mit der Bitte, mich bestens Deiner Frau empfehlen zu wollen

Dein   Minkowski

Königsberg in Pr., Mitteltragheim 6., 28. März 1895.

Lieber Freund!

Wie mir Dein Vater erzählte, war bei Deiner letzten Postkarte Eure Reise bereits bis zum Fusse des Harzes gediehen. Jetzt seid Ihr wohl schon behaglich

in Eurer Wohnung eingerichtet, und hoffentlich ist auch Deine Frau nicht mehr
so schweren Herzens wie hier beim Abschiede. Ich wünsche Dir und den Deinen,
dass Ihr ordentlich zufrieden mit Göttingen seid und dort sehr viel Freude erlebt.

Heute habe ich meine Ernennung als Dein Nachfolger erhalten (Gehalt
3600). Es hat sich diese ganze Veränderung für mich doch so rasch abgespielt,
dass ich zum vollständigen Bewusstsein dieses erstaunlichen Glücksfalls für mich
noch gar nicht gekommen bin. Jedenfalls weiss ich, dass ich Alles dabei Dir allein
zu verdanken habe. Ich will sehen, mich so zu entpuppen, dass Niemand Dich
wegen Deines Vorschlags tadeln soll; das wird mir schon eher gelingen, da es
sich hierbei um den Vergleich mit anderen Mathematikern, nicht mit Dir, handelt, als gerade ein Ersatz für Dich zu sein.

Für das nächste Semester sind mir schon vier neue Studenten der Mathematik
angekündigt. Es ist also für das Zustandekommen der Vorlesungen gute Aussicht vorhanden. Diese ganze Woche habe ich LEGENDRE und GAUSS studirt. Ich
habe mich unvorsichtigerweise wieder so erkältet, dass ich schon fast seit Deiner
Abreise keine Feder angerührt habe; ich finde aber, dass sich das erste Stadium
meines Referats sehr gut mit nothgedrungenem Liegen auf der Chaise-longue
verträgt. Nur übermannt mich bei manchen Stellen von LEGENDRE leicht Schläf-
rigkeit; welch himmelweiter Unterschied, wie GAUSS und LEGENDRE dieselben
Dinge ansehen, dieselben Gedanken ordnen. Bei nächster Gelegenheit schreibe
ich ausführlicher über den bisherigen Erfolg meiner Lektüre zahlentheoretischer
Klassiker.

Ich schicke Dir einen Aufsatz von LAUGEL zu, den ich heute für Dich erhalten
habe. Die Zusammenstellung der Litteratur über Primzahlen, die sich darin findet, kommt mir jetzt sehr zu Pass.

Mit den besten Grüssen an Dich und Deine Frau

Dein

H. Minkowski

Wenn WEBER noch in Göttingen ist, bitte ich, mich ihm bestens zu empfehlen.

Königsberg in Pr., den 16. April 1895

Lieber Freund!

Deine Karte und Deinen Brief habe ich erhalten, und ich danke Dir für Beides sehr. Zunächst Deinen Rathschlag betreffs meines Buches habe ich befolgt, und ich hoffe, dass der Druck bis Pfingsten zu Ende geführt sein wird. In der Zwischenzeit bin ich in den Studien zu unserem Referat eifrig fortgefahren, und ich denke jetzt daran, die Ausarbeitung zu beginnen. Eine Abhandlung von STIELTJES im 4. Bande der Toulouser Memoiren, (die hier nicht vorräthig sind) habe ich von auswärts bestellen müssen und leider noch nicht erhalten; sie soll ein sehr gutes Referat über die Elemente der Zahlentheorie vorstellen. Es ist ein Glück, dass ich schon in den ersten Partieen neue Sätze bringen kann; sonst würde es bei dem im Ganzen fertigen Zustande, den die allerersten Kapitel der Zahlentheorie schon haben, keine dankbare Aufgabe sein, auch über sie zu berichten.

Die jüngste Arbeit von DEDEKIND macht mir den Eindruck, als wenn Du in HURWITZ einen Leidensgefährten in Bezug auf DEDEKIND gefunden hast. DEDEKIND scheint wirklich sich die KRONECKER'sche Art, bereits alles gehabt zu haben, zum Muster nehmen zu wollen.

Nach Allem, was ich über die Sitzungen der Fakultät höre, ist es vollkommen ausgeschlossen, dass noch in diesem Semester ein Nachfolger für mich hier einziehen sollte. Ich habe daher noch ein weiteres, für jüngere Semester berechnetes Publikum angekündigt. — Wie mir COHN, der wieder da ist, mittheilt, ist STRUWE hierher berufen, trifft aber erst Ende Mai ein.

Ich habe mich nun einigermassen über die bisherigen Leistungen von STAECKEL und BURKHARDT orientirt, und ich muss sagen, dass sich bei mir diejenige Meinung bestärkt hat, die ich, wenn auch nur mehr als eine unsichere Empfindung, bereits besass. Ich finde bei STAECKEL viel Ähnlichkeit mit HURWITZ. Jede Arbeit von ihm hat eine leicht fassliche und anziehende Pointe (vgl. z. B. die kleinste Arbeit: Zur Theorie des GAUSSschen Krümmungsmasses, CRELLE Bd. 111); der Styl ist sehr klar, die Resultate leicht verständlich, ihre Bedeutung immer einleuchtend. In die Fragen, die er behandelt, vertieft er sich mit um so grösserer Liebe, als er offenbar immer selber auf sie gestossen ist, nicht gestossen worden ist; man erkennt dies z. B. deutlich an seiner Geschichte der geodätischen Linien in den Sächsischen Berichten. BURKHARDT erinnert mich im Ganzen an die Art von FROBENIUS. Seine mathematischen Leiden mögen ja auch immer bewunderungswürdige sein; aber da sie ihm zumeist durch KLEIN geschaffen sind, bleibt immer die Frage, wieviel Medicin von vorn herein KLEIN zu ihrer Linderung mitgegeben hat, und ob ihm nicht mit KLEINS Nähe überhaupt der Sauerstoff entzogen wird. Ich halte sowohl für die Studenten wie für mich STAECKEL für die bessere Acquisition; bei seiner Arbeitsfreudigkeit und verständigen Auffassung wird er sich wahrscheinlich noch sehr entwickeln. Was die Anciennetät anlangt, so hat STAECKEL 4 Semester früher promoviert und sich drei Semester später habilitiert. Wenn Du vielleicht bald Gelegenheit hast, Dir über BURKHARDT ein genaueres Urtheil zu bilden, so würde ich Dir für eine darauf bezügliche Mittheilung vielen Dank wissen. — EBERHARD behauptet, dass ALTHOFF ihm die Remuneration gekündigt, andererseits aber zugesagt habe, seine Ansprüche auf das Extraordinariat zu vertreten. Er droht, falls ihn die Fakultät wieder übergeht, Königsberg zu verlassen; die Drohung wird freilich wenig Eindruck machen, sehr bedauerlich aber wäre es, wenn wirklich für ihn keine Besserung seiner Lage zu erreichen sein sollte.

Für Anfang Juli bin ich auf 2 Wochen zu einer Übung einberufen. Doch rechne ich mit Rücksicht auf meine gegenwärtig nicht anzufechtende Unabkömmlichkeit davon befreit zu werden.

In den Sommerferien sollen LINDEMANN und Frau nach Cranz kommen.

Deine Gesellschaft vermisse ich sehr. Ganz bis an den Apfelbaum, glaube ich, bin ich seit Deiner Abreise noch nicht wieder gekommen, trotzdem ich mehrmals mit GARBE zusammenging, der mir immer die Vorzüge der hiesigen Professorentöchter schildert. Es ist übrigens hier noch ziemlich kalt; meine Erkältung ist aber natürlich längst vergessen.

Mit den herzlichsten Grüssen und der Bitte, mich Deiner Frau bestens zu empfehlen

Dein
H. Minkowski

Königsberg in Pr., den 17ten Mai 1895

Lieber Freund!

Während wir Beide im Stillen an der harten und gerade nicht allzusüssen Nuss des gemeinsamen Referats knacken, Du vielleicht noch mit schärferen Zähnen und mehr Kraftaufwand wie ich, scheint unsere Correspondenz schon von Anbeginn ins Stocken zu gerathen. Es ist daher wohl höchste Zeit, dass ich einmal über die hiesigen Ereignisse berichte. Es sind unerwartet viel Mathematiker immatrikuliert worden, sechs Mann, sodass ich in der Zahlentheorie neun Zuhörer habe, die bis jetzt auch einen grossen Eifer an den Tag legen. Freilich muss ich mit Rücksicht auf diese unvorhergesehene Schaar von jungen Semestern die Vorlesung etwas anders einrichten, als ich geplant hatte, und zusehen, dass ich überall mit elementaren Hülfsmitteln auskomme. Das geht aber zum Theil besser, als ich gedacht hätte, z. B. habe ich schon bewiesen, dass für die Primzahlen p von der Form $2^n + 1$ die Theilung des Kreises in p gleiche Theile mit Lineal und Zirkel ausführbar ist; man kann dabei ganz ohne die Irreducibilität der Kreistheilungsgleichung u. dgl. auskommen. Der Profit, den ich von der Vorlesung für das Referat habe, ist freilich gering. — Zu meiner Vorlesung über algebraische Curven hatten sich nur zwei Zuhörer eingefunden, KOWALEWSKI und SPRINGFELDT, von denen der letztere zu geringe Vorkenntnisse besass; NEUMANN hatte die Vorlesung schon bei KÖNIGSBERGER gehört. Trotz des jetzigen Reichthums an Mathematikern hier habe ich daher auf diese Vorlesung verzichten müssen. Dagegen sind das Seminar und noch andere Übungen, die ich halte, gut besucht.

Am letzten Dienstag war endlich die Fakultätssitzung, in welcher die Vorschläge für meinen Nachfolger erledigt wurden. Alles ist so beschlossen worden, wie wir Beide es früher besprochen haben. Nur ist St. an erster Stelle genannt, über B. ist übrigens auch viel Gutes gesagt; freilich fällt das von mir gespendete Lob, wenn man genau zusieht, mehr auf KLEIN als auf B. VOLKMANN hatte sich auch von vornherein sehr für St. erwärmt, übrigens, was ich für ziemlich überflüssig betrachten muss, selbst noch eingehende Erkundigungen über Mathematiker eingeholt, die natürlich nur das bestätigten, was ich ausführte. Auch von LINDEMANN hatte VOLKMANN eine acht Folioseiten starke Abhandlung in Bezug auf EBERHARD beigebracht, die auf Wunsch von LINDEMANN den Akten einverleibt wurde, ohne dass die Fakultät ein Verlangen sie anzuhören äusserte. In der Hauptsache war das Aktenstück als eine Entschuldigung für den Fall gedacht, dass Jemand LINDEMANN ob der Zulassung EBERHARDS zur Habilitation anklagen sollte, was Niemandem einfiel. Ich dachte bei diesem Schriftstück, das so und so viel mal grösser als mein ganzer Bericht war, dass doch wohl Deine Methode der Nichteinmischung in Dinge, für die man nicht verantwortlich ist, eine sehr weise

66

ist. Über EBERHARD hatte übrigens der Minister ausdrücklich einen Bericht gefordert, den ich nun in dem Sinne Deines Briefes an ALTHOFF, vielleicht noch etwas günstiger für E., erstattet habe. Ich hoffe, mit diesen Mittheilungen, die Dich doch wohl noch interessiren, nicht meine neue Pflicht der Verschwiegenheit zu verletzen.

Die Hoffnung, im Juli den Druck des Referats zu beginnen, habe ich noch nicht aufgegeben.

Mit besten Grüssen und der Bitte, mich Deiner Frau zu empfehlen

Dein H. Minkowski

Königsberg i. Pr., den 1. Juli 1895

Lieber Freund!

Mit Deinen beiden Briefen hast Du mich sehr erfreut. Dass ich Dir keine Korrekturbogen weiter geschickt habe, kommt daher, dass in den nächsten Bogen für die Theorie der algebraischen Zahlen so gut wie garnichts abfällt; meine Darstellung der Theorie der Einheiten hast Du bereits; bezüglich der Endlichkeit der Anzahl der Idealklassen verweise ich in meinem Buche auch nur auf meine Arbeit in CRELLES J. B. 107, weil die Auseinandersetzung des Begriffs dieser Klassen aus dem Rahmen meines Buches herausgeführt hätte.

Es ist selbstverständlich auch meine Absicht, meinen Theil des Berichtes, wenn wir uns im September wiedersehen, fix und fertig zu haben. Den Druck zu beginnen, bevor wir die zwei Theile des Referats aneinandergepasst haben, scheint mir nicht rathsam, zumal der Bericht ja doch erst in den nächsten Jahresbericht der Vereinigung aufgenommen wird. In diesem Jahre soll es überhaupt keine Publikation der Vereinigung geben, wie mir GUTZMER sagte.

Ich bin nämlich vorige Woche zwei Tage in Berlin gewesen zur Hochzeit eines Verwandten, und habe bei dieser Gelegenheit auch G. aufgesucht. Er versicherte mich, alle Interessirten wären uns so dankbar, dass wir die mühevolle Arbeit des Referats auf uns genommen hätten, dass auf mehr oder weniger schnelle Drucklegung des Referats gar kein Gewicht gelegt würde. — G. scheint sich habilitiren zu wollen, wohl in Bonn.

Von den Berliner Mathematikern, SCHWARZ und FUCHS, wusste er schier unglaubliche Dinge zu berichten. Ihr Verhältnis hat sich durch Taktlosigkeiten von SCHWARZ, denen FUCHS' Benehmen nichts nachgab, derart verschärft, dass eine Versöhnung zwischen den Beiden wohl für alle Zeit ausgeschlossen scheint. Auch in der Akademie liegen sie sich, zum Verdruss der Nichtmathematiker, beständig in den Haaren.

Auch bei ALTHOFF habe ich vorgesprochen, der sehr marode schien. Er will STAECKEL hierhin und EBERHARD nach Halle setzen. Die Hallenser dürften sich aber wohl gegen Letzteres wehren, wenn sie zeitig Wind davon bekommen. Sprich daher, bitte, vorläufig nur mit Vorsicht hiervon.

Das Aktual-Unendliche ist ein Wort, das ich aus einem Aufsatze von CANTOR habe, und ich habe in meinem Vortrage auch grösstentheils Sätze von CANTOR gebracht, die allgemeines Interesse fanden; nur wollten Einige nicht recht daran glauben. Das A.-Unendliche in der Natur, von dem ich hauptsächlich sprach — der Titel war etwas aufregend gefasst, um vielleicht trotz der grossen Hitze einige Zuhörer anzulocken —, war die Lage der Punkte im Raume. Ob der Zusatz „in der Natur" gerechtfertigt war oder nicht, muss ich freilich dahingestellt sein lassen, wenn ich auch mit Rücksicht auf denselben mir eigens einige amüsante Beispiele für CANTORsche Sätze construirt hatte. Bei dieser Gelegenheit habe ich von Neuem wahrgenommen, dass CANTOR doch einer der geistvollsten lebenden Mathematiker ist. Seine rein abstracte Definition der Mächtigkeit der Punkte einer Strecke mit Hülfe der sogenannten transfiniten Zahlen ist wirklich bewundernswerth. (Er hat übrigens auch unendliche Primzahlen definirt.)

Meine Übung ist nur verschoben worden, und muss ich sie vom 5.—17. August in Tilsit abmachen. Unser Colloquium steht in vollster und vielseitigster Blüthe. Ich habe auch STRUWE dafür gewonnen.

Wie gefällt es denn Deinem Franz in Göttingen? Mit den besten Empfehlungen an Deine Frau und mit herzlichem Gruss

Dein

Minkowski

LAZARUS FUCHS

GEORG CANTOR

Cranz, den 30. August 1895
Kirchenstrasse 19

Lieber Freund,

In meiner Absicht liegt es, Dienstag d. 10. Sept. $2^U,49$ in Göttingen einzutreffen. Die daraus folgende Länge meines Besuchs wird wohl für unsere Besprechungen und auch gerade dafür, dass ich Dir nicht zu sehr zur Last falle, ausreichen. Ich freue mich schon sehr auf die bevorstehende angeregte Zeit, wenn es mir auch augenblicklich hier recht behaglich ist. Meine Übung, in der ich es noch vor dem endgültigen Schluss meiner militairischen Laufbahn zum Vicefeldwebel gebracht habe, ging am 18ten zu Ende, und auf ihre Wirkung schiebe ich es, dass der Seeaufenthalt seitdem mir so zusagt wie schon seit vielen Jahren nicht. Ich habe schon mehrmals ein ordentliches Bedauern um Euch empfunden, dass Ihr in diesem Jahre diesen Genuss entbehren müsst.

Dass BACHMANN hier war und mich mehrmals besucht hat, habe ich vielleicht schon erwähnt. Er macht trotz weisser Haare noch einen jugendfrischen Eindruck, und an seinen Arbeiten scheint er mit grosser Freude zu hängen. Der nächste

Band seines Werkes soll die quadratischen Formen behandeln, ist aber noch weit zurück.

Unter den mir zu Referaten zugewiesenen Arbeiten war der Glanzpunkt entschieden Dein Aufsatz über ternäre definite Formen. Zu einer Preisarbeit, die mir anfangs vom Dekan zugewiesen war, auf die ich aber schliesslich zu Gunsten von GARBE verzichten musste, hatte ich vor unter Hinweis auf Deine Arbeit als Thema zu stellen, die nothwendigen und hinreichenden Bedingungen für die Darstellbarkeit einer t. d. Form durch eine Summe von Formenquadraten zu finden. Hast Du diese Aufgabe vielleicht schon selbst erledigt?

SOMMERFELD, der mir vielleicht noch Grüsse von Dir zu bestellen hat, habe ich vorläufig noch nicht zu Gesicht bekommen.

Alle mathematischen Mittheilungen will ich mir schon bis zu unserem Wiedersehen in Göttingen versparen.

Mit der Bitte, mich bestens Deiner Frau zu empfehlen, und vielen Grüssen

Dein

H. Minkowski

Königsberg i. Pr., den 24. September 1895

Lieber Freund!

Erst gestern Abend bin ich wieder zu Hause angelangt, und ehe ich mich nach der langen Pause wieder mit frischen Kräften an die Arbeit mache, möchte ich vor Allem Deiner Frau und Dir nochmals meinen herzlichsten Dank für die schöne Zeit, die ich bei Euch verlebt habe, sagen. Es ist eigentlich schade, dass der Aufenthalt in Göttingen nicht den letzten Theil meiner Reise bildete, ich würde dann jedenfalls viel frischer und in angeregterer Stimmung zurückgekehrt sein als jetzt nach den Lübecker Tagen. — Am letzten Freitag bin ich noch zufällig beim Mittagessen in unserem Hotel mit KLEIN zusammengetroffen, und habe mich zum ersten und einzigen Male während der ganzen Zeit mit ihm etwas eingehender unterhalten können. Um uns sassen BOLTZMANN, OETTINGEN, NERNST u.s.w., und wurde die Energiedebatte noch heftig fortgesetzt. Es fällt mir dabei ein, dass wir eigentlich unseren Bericht auch mit der Aufstellung einiger Thesen über das Wesen und die Bedeutung der Zahlentheorie hätten schliessen können, ähnlich wie es die Physiker nach ihrer Debatte gemacht haben; nun hoffentlich ist auch ohne eine Abstimmung nach Stimmenmehrheit durch Deine Ausführungen die Zahlentheorie bei Vielen in der Achtung wesentlich gestiegen.

Heute Vormittag war ich nicht wenig überrascht, GARBE auf Abschiedsbesuchen anzutreffen. Er geht nach Tübingen als Nachfolger seines ehemaligen Lehrers, der vor Kurzem in hohem Alter dort verstorben ist. Die Unterhandlungen haben erst vor einer Woche begonnen; seine Forderungen sind anstandslos bewilligt worden, er wird sich im Ganzen auf 6500 M. stehn; natürlich ist er sehr vergnügt über dieses Ereigniss. Eure Grüsse an ihn und seine Frau habe ich bestens bestellt.

Morgen soll STAECKEL eintreffen. In Berlin habe ich am Sonntag vergebens einige Mathematiker zu sprechen gesucht. — Von den grossen Versammlungen nimmt wohl jeder die Überzeugung mit sich, dass die Hauptsache ist, was man allein in seiner Klause (beziehlich wie Du unter freiem Himmel) für sich zu Stande bringt. Dieser Gedanke, hoffe ich, wird das Beste von der Reise sein und auch mich für die nächste Zeit zu schnellerer Thätigkeit anspornen, sodass ich es bald zu einem inhaltsreicheren Brief bringe.

Mit den besten Grüssen an die ganze Familie Hilbert

Dein

H. Minkowski

Königberg in Pr., den 4. December 1895

Lieber Freund

Auch ich hatte schon eine ganze Weile vor, wieder an Dich zu schreiben, und doch ist jetzt sogar fast eine Woche verflossen, bis ich dazukomme, Deinen interessanten Brief zu beantworten. Zunächst will ich den einzelnen Fragezeichen darin der Reihe nach Rede stehen. GUTZMER hat mir noch vor einigen Tagen wieder geschrieben. Der Druck des für den Jahresbericht bereits vorliegenden Materials wird sich bis Ende Januar hinziehen, und zu diesem Termine habe ich ihm meinen Theil des Referats, vielleicht bis auf ein paar Bogen, versprochen. Vorläufig habe ich nur aus dem Kopfe eine Art kurzes Lehrbuch der Zahlentheorie hingeschrieben; mit der gründlichen Durchsicht der ganzen vorhandenen Litteratur und der Berücksichtigung alles dessen, was mir nicht im Gedächtnisse geblieben war oder ich überhaupt noch nicht kenne, fange ich jetzt erst an. So kann ich Dir z. B. auch auf die Frage nach Tabellen für Classenanzahlen quadratischer Formen keine genaue Auskunft geben. Etwas hierüber müßte sich bei JACOBI (CRELLE Bd. 9. S. 189) oder bei KRONECKER (CRELLE Bd. 57. S. 248) finden.

Die Zusätze von LAGRANGE zu EULERS Algebra habe ich schon in meinem Buche gewürdigt.

Auf Bogen 19 der jetzt im Druck befindlichen Fortschritte ist über vier sehr umfangreiche russische Arbeiten zur Theorie der algebraischen Zahlen referirt, welche wohl in Deinem Theil Berücksichtigung finden müßten; sie sind: I. W. SOCHOTZKI, Das Princip des größten gemeinschaftlichen Theilers in der Anwendung auf die Theorie der algebraischen Zahlen (Petersburg, 1893), und sich daran anschließende Studien von IWANOW (Petersburger Doctorthese 1891, und Petersb. Abh. LXXII) und WORONOJ (Petersb.) Letzterer z. B. hat auf 188 Seiten eine Theorie der kubischen Körper entwickelt, von der ich nach dem mangelhaften Referat in den Fortschritten jedenfalls nicht behaupten kann, daß sie die Hauptsachen außer Acht ließe. Du wirst in Göttingen vielleicht in der glücklichen Lage sein, einen das Russische verstehenden Mathematiker zur Verfügung zu haben; dann versäume es nicht, Dich über jene Arbeiten zu informiren; sie könnten doch mehr Gutes enthalten, als unsereiner von Russen erwartet.

EISENSTEIN'S Werke gesammelt herauszugeben, wäre wirklich eine Pflicht und ausgeführt ein Verdienst; und für die Berliner Akademie wäre es eine ewige und wohlverdiente Schande, wenn Jemand sonst dieses Unternehmen angriffe.

Da ich zu WEIERSTRASS Geburtstag eine schöne Adresse von Seiten der Fakultät veranlaßt hatte, so ließ ich mich überreden, zu persönlicher Übergabe derselben hinzufahren. Es waren zwei sehr angeregte Tage, und ich habe in Berlin noch eine Menge Leute kennen gelernt, die mir bisher entgangen waren, WEINGARTEN, HAMBURGER, THOMÉ, ROSANES u. A. — WEIERSTRASS war über die Adresse der Königsberger Fakultät, deren Ehrendoctor er ist, (wie Du wohl weißt), ganz besonders erfreut, und hat mir eine sehr schöne Photographie von seinem für die Nationalgallerie gemalten Bilde übersandt.

VOLKMANN hält außer Reden auf NEUMANN zwar kein Colleg, aber Vorträge für Damen, die viel Anklang finden und deren Inhaltsverzeichniß ich zu Deiner Erheiterung beilege.

Die GARBESche Professur soll durch einen Sanskritisten besetzt werden; für HOFFMANN ist vorgestern unter Widerspruch der Philologen ein besonderes Gesuch um Beförderung zum Extraordinarius beschlossen worden.

STÄCKEL gefällt hier den Studenten und Collegen ganz ungemein; er ist von sehr großem Fleiß und interessirt sich für viel mehr Dinge aus der Mathematik, als man nach seinen Publikationen annehmen könnte. Unsere Gespräche haben sich allerdings bisher hauptsächlich um Flächentheorie und Mechanik gedreht.

Als Preisaufgabe zum 18. Jan. stelle ich das genauere Studium Deiner Darstellung der ternären positiven Formen, worüber ich im Seminar vorgetragen habe.

In der analytischen Geometrie habe ich 7, in der Variationsrechnung 4 Zuhörer, auch sonst sind die mathematischen Vorlesungen sämmtlich zu Stande gekommen. — Sowie ich erst den Bericht hinter mir habe, will ich einige Noten zur Variationsrechnung redigiren, um sie Dir mit der Bitte, sie der Göttinger Gesellschaft vorzulegen, zu übersenden.

Meine Schwester war, als ich ihr aus Deinem Briefe vorlas, was Damen alles leisten können, geradezu geknickt, und konnte sich von ihrer großen Erschütterung nur noch zu der Bitte aufraffen, an Deine Frau und Dich Grüße zu bestellen. Liegt bei dem geometrischen Beweise von Frl. MAKINNEN noch ein besonderer Gedanke zu Grunde?

Von Deinem amerikanischen Ruf habe ich bei Gelegenheit des Rectorballes, zu dem 180 Personen erschienen waren, meiner Tischdame erzählt, und habe mittlerweise davon schon in 10tem Maßstabe zu hören bekommen. Nun, hoffentlich amüsirst Du Dich darüber nur, ohne Dich zu ärgern

Daß Euer Franz mich in so gutem Gedächtniße behält, freut mich sehr, und ich wünsche nur, daß es mir bei seinen Eltern nicht schlechter ergehe.

Mit den herzlichsten Grüßen und der Bitte, mich Deiner Frau zu empfehlen

Dein
H. Minkowski

Über die Tafeln wußten Sturtz und Volkmann Nichts mehr. Der Schloßbaurat konnte ebenfalls den Preis der Tafel im mathematischen Seminar nicht
mehr feststellen und meinte, daß sie aus einem anderen Institut herübergenommen sei. Er konnte mir nur angeben, daß eine Schiefertafel in der Größe 1,25 ×
0,85 met. mit der Anbringung 45 Mark und eine Glastafel in der Größe 1,45 × 0,90
an sich etwa 47 M. und mit dem Anbringen etwa 60 Mark gekostet hat.

Königsberg in Pr., den 30. December 1895

Lieber Freund!

Viel zu schnell kommt mir der erste Januar herangerückt. Als erste Abschlagszahlung sende ich Dir binnen Kurzem ein Verzeichniss der in meinem Referat
erwähnten Litteratur, damit wir bei den Autoren, von welchen mehr als eine
Arbeit in Betracht kommt, eine einheitliche Numerirung ihrer Schriften festsetzen. Vor Ende Januar wird es mit dem Beginn des Drucks wohl Nichts werden. Soll ich Dir noch vor dem Druck mein Manuscript zur Meinungsäusserung
zusenden, oder willst Du Dich begnügen, die Correcturbogen zu sehen? Das
erstere hätte doch manches für sich.

Berücksichtigst Du noch die zwei neuen Aufsätze von Hurwitz, die ja recht
interessant zu sein scheinen?

Staeckel hat jetzt eine ganze Zeit darauf verwenden müssen, die Synopsis
von Hagen gründlich abzuschlachten. Es finden sich schier unglaubliche Dinge
darin. Sein ausführliches Referat, für die Göttinger Anzeigen bestimmt, wird viel
Erheiterndes für Mathematiker bringen.

Gestern ist hier plötzlich Eberhard aufgetaucht. Er musste unbedingt einmal ostpreussischen Grog trinken, giebt er als Grund seiner Herreise an. Man
munkelt aber, dass er mit ernsten Absichten hergekommen ist.!

Morgen kommt auf einige Zeit Prof. Wassilieff aus Kasan her; er will dann
noch weiter die deutsche Mathematik abnehmen.

Doch nun zur Hauptveranlassung des heutigen Schreibens. Ich wünsche Dir
und Deiner Frau zum neuen Jahre von Herzen Glück!

Mit besten Grüssen
Dein
H. Minkowski.

Wilhelm Thomé   Johann Georg Hagen

Königsberg i. Pr., den 22. Januar 1896

Lieber Freund!

Herzlichen Glückwunsch zu Deinem Geburtstage! Noch gerade im richtigen Moment werde ich diesesmal auf den Tag aufmerksam. Etwas sehr Angenehmes für das neue Jahr hast Du Dir vielleicht schon selbst bereitet, nämlich mit dem Referat wohl gar schon „Klapp" gemacht.

Die Litteraturnumerirung hat sich doch von selber erledigt, da nur wenige Autoren da sind, die in beiden Theilen des Referats vorkommen werden, nämlich wohl nur die grossen zahlentheoretischen Meister, und wir deren Werke doch wenigstens vollständig nennen wollen, und dabei die historische Ordnung ja die gegebene ist.

Hast Du eigentlich Fermats Anmerkungen zu Diophant verarbeitet? und hast Du das Smith'sche Referat berücksichtigt?

Ich bin doch etwas zu spät an das Referat gegangen. Jetzt finde ich natürlich viele hübsche Probleme, von denen es ganz schön gewesen wäre, wenn ich sie erledigt hätte. Die Jordan'schen Aufsätze sind eigentlich recht interessant. Aber

wenn Dir schon die KUMMERschen Rechnungen unangenehm waren, so würden
die JORDANschen Operationen, sein „pour fixer les idées" Dir einen wahren Ekel
einjagen. — Wie soll ich mich z. B. diesen JORDAN'schen Sätzen gegenüber ver-
halten; dass eine Form von einem Grade (Ordnung) > 2 und mit nichtverschwin-
dender Discriminante keine infinitesimalen Transformationen in sich besitzt,
oder dass die Lösungen eines beliebigen Systems algebraischer Gleichungen immer eine endliche Anzahl von Continua bilden. (Ist übrigens dieser zweite Satz
wirklich zuerst von JORDAN gegeben?) Diese Sätze sind nur für zahlentheoretische Anwendungen aufgestellt, haben aber natürlich viel mehr mit der Invariantentheorie zu thun. Soll ich die Beweise dieser Sätze in meinem Referat nicht
doch besser unterdrücken?

Vorläufig wird noch an dem Bericht über die Lübecker Versammlung gedruckt.

Sehr viel wirst Du wohl aus meinem Theile nicht zu citiren haben und die
betreffenden § Nummern könnte ich Dir angeben; es wäre dann, wenn wir eine
besondere Paginirung beider Theile einführen wollten, auch eine Möglichkeit da,
dass Du mit dem Druck Deines Theiles anfingest. Ich werde doch sicher noch ein
Paar Wochen zu thun haben, obwohl ich jetzt wirklich nichts anderes als das
Referat den ganzen Tag im Kopf wälze. — Doch werfe ich diesen Gedanken
nur so auf, ohne Dich, falls er Dir unsympathisch ist, damit erzürnen zu wollen.
— Meine Noten über Variationsrechnung habe ich vorläufig ganz bei Seite gelegt.

Ich muss für heute abbrechen; sonst käme ich wieder mit meinen Wünschen
zu spät.

Herzlichen Gruss auch von meiner Schwester, die mir das schon unzählige
Mal an's Herz gelegt hat, an Dich, Deine Frau und Franz

Dein

Minkowski

Ein Bekannter, der Deine Schülerin ELSE kennt, hat mich gebeten, ihm irgend
eine Auskunft über deren mathematische Veranlagung zu verschaffen. Wenn Du
mir ein Urtheil über sie sagen kannst, so will ich davon einen so discreten Gebrauch machen, als angemessen erscheinen sollte.

Königsberg in Pr., den 10. Februar 1896

Lieber Freund!

Es fällt mir nicht ganz leicht, zwischen den zwei Plänen, die Du machst, zu wählen. Zunächst kann ich ehrlich sagen, dass ich das von Dir geforderte Versprechen wohl geben dürfte und zu halten im Stande sein würde. Eine grössere Glaubwürdigkeit zu erzielen, will ich einschalten, wie es eigentlich mit meinem Buche steht, wobei ich Dir noch für Dein Zartgefühl zu danken habe, dass Du zuletzt gar nicht mehr danach gefragt hast. Die vollständige Darstellung meiner Untersuchungen über Kettenbrüche hat schliesslich annähernd den Raum von 100 Druckseiten erfordert. Dabei aber fehlte immer noch der allein befriedigende Abschluss, das unbestimmt vorschwebende charakteristische Kriterium für cubische Irrationalzahlen. Ohne diesen Abschluss, dem ich mich sehr nahe zu dünken Grund habe, wäre das Kapitel in meinem Buche für mich wenigstens unbefriedigend gewesen; andererseits konnte ich nicht weiter an diesen Fragen arbeiten, da ich wirklich ernstlich an das Referat ging. Für eine spätere einzelne Abhandlung war wieder der Stoff schon so angewachsen, dass als weitaus schnellster Weg zur Publikation mir noch immer der in meinem Buche erschien. Wie ich nun jüngstens wiederum von WEBER einen Mahnbrief erhielt mit dem Vorschlage, doch wenigstens das bisher Gedruckte zu publiciren, entschloss ich mich dazu und auch TEUBNER geht bereitwillig darauf ein, so dass jedenfalls noch in diesem Monat 256 Seiten des Buches als eine erste Lieferung erscheinen. (Bei dieser Gelegenheit bitte ich Dich im Voraus, es mir nicht als zu grosse Eitelkeit auszulegen, wenn ich einige Exemplare, z. B. für HERMITE und Dich, auf besserem Papier habe abziehen lassen.) Insbesondere entschloss ich mich zu dieser Theilung auch deshalb leicht, weil endlich auch mein Aufsatz über Kettenbrüche in den Annales de l'Ecole Normale gedruckt ist; ich erwarte jeden Tag die Abdrücke davon.

Diese lange Ausführung sollte bloss, was nach meinen Antecedentien vielleicht nicht überflüssig ist, bekräftigen, dass ich wirklich ernstlich am Referat arbeite (denke hier nur nicht qui s'excuse, s'accuse). Also könnte ich an sich ganz gut Deinem ersten Plane zustimmen.

Andererseits aber hat Dein zweiter Plan mit der Consequenz, dass mein Referat erst ein Jahr später zu erscheinen brauchte, für mich viel Verlockendes. Was ich bisher Eigenes in dem Referat bringe, habe ich zumeist schon in meinem

Buche oder in früheren Arbeiten dargestellt. Wenn ich ausserdem die Resultate mancher, bisher kaum geniessbarer Arbeiten menschlichem Verständniss näher bringe, so ist dergleichen ja wohl der eigentliche Zweck solcher Referate, für mich schliesslich auch eine ganz angenehme Arbeit, aber doch nicht eine solche, die ich am höchsten schätze. In den interessanten Fragen über Primzahldichtigkeit u. dgl. gehe ich kaum über bisherige Darstellungen hinaus. Es mag nun sein, dass auch so mein Referat Manchem gefallen könnte. Damit ich mir selbst genug thue, müsste ich noch manche Lücken ausfüllen und gewisse Partieen reifen lassen. Vorläufig nehme ich gar sehr den Contrast mit Deinem Theile war. Bis zum nächsten Jahre könnte ich aber vielleicht rechnen, auch selbst mit meiner Arbeit zufrieden zu sein.

Ich gehe also auf Deinen zweiten Plan ein mit der Wirkung, dass mein Theil erst in den nächstjährigen Bericht aufgenommen wird. Dieser Entschluss wird mir, da ich über das Klapp machen an sich sehr resignirt denke, hauptsächlich nur schwer, weil ich jetzt ein Jahr lang das beschämende Gefühl behalten werde, in gewissem Grade Dich und die Vereinigung im Stich gelassen zu haben. Du selbst hast freilich nicht die geringste dahin zielende Äusserung gemacht, es liegt aber dieser Gedanke zu nahe, und mancher wird wohl sagen, nach den Erfahrungen mit meinem Buche wäre von mir Nichts anderes zu erwarten gewesen. Nun, etwas werden diese Vorwürfe gemildert werden, wenn jetzt der grösste Theil meines Buchs herauskommt und der Rest schnell folgt, und schliesslich kann ich mir einbilden, ich thue, was ich im Interesse der Sache für das Beste halte.

Dich bitte ich jedenfalls sehr, in keiner Weise zu denken, dass ich Dich mit meinem Referat im Stich gelassen hätte. Wenn ich nun einmal so langsam arbeite und nur schwer mir selbst etwas recht mache, so ist das schliesslich eine Eigenschaft, unter der ich selbst leide, und bei der es für die Anderen zweifelhaft bleibt, ob sie dabei Profit oder Nachtheil haben.

Damit jedoch über meinen Verzicht kein Missverständnis aufkomme, würdest Du mich sehr verpflichten, wenn Du Dich in Deinem Vorworte etwas darüber ausliessest, indem Du eben sagst, dass es einmal gewisse Rücksichten auf die schnellere Fertigstellung des Jahresberichts sind, welche zu einem Aufschub meines Referats geführt haben, dass ferner dieser Aufschub bis zu einem gewissen Grade durch das Erscheinen meines Buchs geringer fühlbar wird wie auch durch das seit der Übernahme meines Referats erfolgte Erscheinen der BACHMANNschen Bücher und des SMITHschen Reports in einem Stück, und dass diese seitdem veränderten Litteraturverhältnisse mich eben veranlasst hätten, den Schwerpunkt meines Referats hauptsächlich in der Vervollkommnung bisheriger Resultate zu suchen, und aus diesem Umstande zumeist der Aufschub herrührt. Deine Erwartung über den RIEMANNschen Nachlass im Vorwort kundzuthun, wird wohl noch zu wenig gerechtfertigt erscheinen.

Dass ich unter diesen Umständen in die Lage komme, noch vor der Drucklegung meines Berichts mich mit Dir über vieles, woran ich im Herbst noch nicht dachte, mündlich auszusprechen, wird mir sehr zu Statten kommen.

Die Redaction wird sich, wahrscheinlich mit einem stillen Achselzucken über mich, zufrieden geben, vor Allem Deinen Bericht zu haben.

Dass ich heute etwas lang und vielleicht etwas sentimental mich ausgelassen habe, entschuldigst Du wohl durch den Umstand, dass ich dieser Tage durch eine Erkältung nicht ganz disponirt bin.

Mit besten Grüssen und der Bitte, mich Deiner Frau empfehlen zu wollen

Dein

H. Minkowski

Berlin, Savoy-Hotel, 31. 3. 96

Lieber Freund!

Für Eure so liebenswürdige Einladung sage ich Dir und Deiner Frau meinen wärmsten Dank. Ich kann noch nicht bestimmt erklären, ob ich sie annehmen kann. Ich bin hier schon bald eine Woche in einer etwas mysteriösen Angelegenheit, die nur ganz lose mit Mathematik zu thun hat, und bleibe auch vielleicht noch eine Woche hier. Sollte es sich dann machen lassen, so würde es mir jedenfalls eine große Freude bereiten, wenn ich auf ein paar Tage nach Göttingen kommen könnte. In solchem Falle würde ich Dir zeitig vorher Nachricht geben. Du entschuldigst wohl auch, daß ich infolge meines hiesigen Aufenthalts die Durchsicht Deines zweiten Correcturbogens etwas verzögert habe. Ich habe zwar wieder eine ganze Menge dazugeschrieben, aber damit eigentlich nur meinen guten Willen dokumentirt; denn wesentliches war wenig zu ändern. Mir gefällt

Dein Referat in seiner knappen und dabei doch vollständigen Form außerordentlich, und es wird sicher allgemein großen Beifall finden und die Kroneckerschen wie Dedekindschen Abhandlungen sehr in den Hintergrund drängen. — Heute habe ich den Umschlag der ersten Lieferung meines Buchs corrigirt, die also nun in den nächsten Tagen erscheint.

Sollte aus meinem Abstecher nach Göttingen, den ich mir sehr durch den Kopf gehen lassen will, zuletzt doch nichts werden, so schreibe ich über meinen hiesigen Aufenthalt ausführlicher.

Mit herzlichen Grüßen an Dich und Deine Frau und nochmaligem Dank für den Beweis Eurer Freundschaft

Dein

H. Minkowski

Berlin, Savoy-Hotel, 5. 4. 96

(Postkarte)

Lieber Freund!

Heute Abend will ich direkt nach Hause zurückreisen; durch den langen Aufenthalt hier bin ich etwas abgespannt. Auf die Reise nach Göttingen leiste ich mit schwerem Herzen Verzicht, war doch mein Aufenthalt bei Euch in den letzten Ferien der Glanzpunkt jener Zeit. Nun, bis zu den großen Ferien ist ja nur noch ein kurzes Semester, und dann werden wir uns über Manches viel intensiver aussprechen können. Die Ferien will ich jetzt noch auszunutzen suchen, um eine Note für die Göttinger Nachrichten endlich zu liefern.

Ich bitte, mich Eurem Franz in Erinnerung zu bringen, den wiederzusehen ich sehr gespannt gewesen wäre, und ferner mich Deiner Frau bestens zu empfehlen. Mit herzlichen Grüßen

Dein

H. Minkowski

Königsberg in Pr., den 30. Mai 1896

Lieber Freund!

Deine Karte und Deine eingeschriebene Sendung habe ich heute erhalten, ferner ging mir Dein Manuscript von REIMER zu. Ich werde dasselbe mit thunlichster Beschleunigung durchstudiren; vor einer Woche werde ich es Dir aber wohl nicht zurücksenden können, und wahrscheinlich wird mir im Manuscript noch manches entgehen.

Etwas verspätet nehme ich wahr, daß Du nirgends ausdrücklich darauf aufmerksam gemacht hast, daß die Primideale P, in welche sich eine rationale Primzahl p in einem GALOIS'schen Körper zerlegt, sämmtlich unter einander conjugirt sind, sodaß also alle die von Dir definirten Anzahlen f, r_z, r_t, ... nicht bloß für P, sondern bereits für p charakteristisch sind. Es wäre doch wohl gut, wenn Du noch bei der zweiten Correktur eine dahinzielende Bemerkung einfügst. Insbesondere ist also danach jede Primzahl p stets eine Potenz eines invarianten Ideals, welches lauter verschiedene Primtheiler enthält, und ist immer schon die m^{te} Potenz jedes invarianten Ideals gleich einer ganzen rationalen Zahl.

Deinen hübschen Satz, daß auch die Discriminanten im invariantentheoretischen Sinne solcher ganzzahliger Gleichungen, in denen nicht der erste Coefficient 1 ist, durch die Discriminanten der zugehörigen Körper theilbar sind, scheinst Du nicht aufgenommen zu haben. Vielleicht giebst Du ihn in einer nachträglichen Anmerkung; es werden sich wohl einige Punkte für nachträgliche Zusätze herausstellen. — Der Beweis für die Existenz der Dichtigkeiten Δ_i scheint große Schwierigkeiten zu bieten. KRONECKER dürfte ihn auch nicht besessen haben. Die von mir vorgeschlagenen, verhältnißmäßig geringen Änderungen bringen aber doch wohl die betreffende Stelle ganz in Ordnung.

HENSEL, der diese Woche hier war, und den ich mehrmals sprach, sagt, daß er jetzt die Zusammensetzung zweier Körper mit beliebigen Discriminanten auf's vollständigste klargelegt habe.

FRANZ MEYER hat wohl auch Dir geschrieben, daß wir für die Encyclopädie die 3 Kapitel I C 2, 4, 5 seines Programms übernehmen sollen; davon dürfte wohl auf mein Conto nur das erste Kapitel fallen.

Wann soll denn die Dissertation von FURTWÄNGLER herauskommen. Das Schwierigste an der Verallgemeinerung der Kettenbrüche war, wie namentlich

auch HERMITE anerkennt, wirklich bis zu einem fix und fertigen und einfachen
Algorithmus vorzudringen. Nach den Schwierigkeiten, die dabei zu überwinden
waren, bin ich ordentlich neugierig, wieweit F. in dieser Beziehung gekommen
ist. Erscheint seine Arbeit so bald, daß sie als von der meinigen unabhängig wird
gelten können?

Hier hält es sich noch mit dem Aufschwung des mathematischen Studiums;
wir haben 1 ($= a^0$) Neuen. Zur Ergänzung des Bestandes der Seminarbibliothek
sind uns aus freien Stücken 2000 Mark (sprich zweitausend) bewilligt worden.
Unsere Freude darüber ist nicht gering. Weißt Du vielleicht wie man am billig-
sten GAUSS Werke bezieht; jemand wollte wissen, von der Universitätskasse in
Göttingen.

Ich bin froh, daß ich den Dr. L. so leichten Kaufs losgeworden bin; er machte
mir schon durch die Art seiner Briefe einen recht ungünstigen Eindruck. — Wie
mir HENSEL sagt, will sich VAHLEN aus Berlin, der sich vorläufig hauptsächlich
mit Zahlentheorie abgegeben hat, hier habilitiren. In Berlin soll FUCHS auf's
äußerste gegen einen neuen Docenten gewesen sein, und soll dabei das große
Wort geäußert haben: Und wenn ABEL und JACOBI in eigener Person sich dort
habilitiren wollten, so würde er dagegen sein. Ich wäre dieser Habilitation nicht
abgeneigt, falls nur V. sich keinen Täuschungen über die Thätigkeit, die seiner
hier harrt, und seine Aussichten hier am Orte hingiebt.

Daß Ihr im Begriffe seid, Euch ein Haus zu bauen, erzählte mir schon Dein
Vater, und ich wünsche Euch von Herzen viel Glück zu diesem bedeutungsvol-
len Unternehmen. Wahrscheinlich werden sich aber die Schicksalsgötter nun her-
ausgefordert finden, Dich durch eine Reihe glänzender Rufe in Versuchung zu
führen.

Ein sehr nettes Schreiben über mein Buch hatte ich von PICARD. Daß Deinem
Franz mein Buch auch so gefallen hat, verpflichtet mich ihm sehr, und ich warte
nur auf die demnächst zu erwartende Fertigstellung von Separatabzügen des
neuesten Opus meines hiesigen Bruders, um Deinen Franz auf die Probe zu stellen, ob ihm dieses Werk nicht noch besser gefallen wird.

Mit der Bitte, mich Deiner Frau angelegentlichst zu empfehlen und mit besten
Grüßen

Dein

H. Minkowski

Kbg in Pr., den 21. 7. 96

Lieber Freund!

Inliegend S. 261 — 274. Dein Beweis des Satzes über die Abelschen Körper ist wirklich äusserst einfach und schön. Damit der Leser zu einem völlig ungestörten Genusse desselben komme, möchte ich empfehlen, die gebrauchten Hülfssätze über Abelsche Gruppen mit Andeutungen ihrer Beweise vorweg in § 100 zu absolviren; zum mindesten müsstest Du den Leser darauf hinweisen, wo er die Theorie der Abelschen Gruppen in der nöthigen Weise auseinandergesetzt findet.

Deine Postkarte und den mir geschickten Correcturbogen habe ich erhalten, ebenso heute einen neuen Bogen von Gutzmer. Aus Deinem Referat über meinen mathematischen Brief an Hurwitz erinnerst Du Dich vielleicht noch der folgenden Beziehung: Ist eine quadratische Form f mit n Variabeln in eine Summe von a positiven und b negativen Quadraten zu transformiren, wo $a + b = n$ ist, so lässt sich $(-1)^{\left[\frac{a-b}{4}\right]+\left[\frac{a-b}{2}\right]}$, d. i. bei ungeradem n der Restcharakter $\left(\dfrac{2}{a-b}\right)$ durch die Invarianten der Congruenzen $f \equiv 0$ nach sämtlichen Moduln ausdrücken. Das ist für $n = 3$ die vor Dir erwähnte Eigenschaft der ternären Formen. Wenn Du den Satz 102 entsprechen geändert hast, muss aber die Bemerkung am Schlusse von § 71 fortfallen.

Reimer druckt sehr langsam; an Manuscript hat es ihm ja bisher nicht gefehlt. Wie will er bis September fertig sein.

Wie Dein Vater mir sagte, willst Du schon in den ersten Tagen des August reisen. Ich freue mich sehr, Dich also so bald hier zu sehen. Vorige Woche war ich in Rauschen und bin bis nach Cranz an der See zurückgegangen. Der schöne Fusspfad Cranz — Rosehnen ist bei 10 M. Strafe verboten, was Dich gewiss auch nicht wenig kränken wird.

Alle übrigen Mittheilungen kann ich wohl bis zu unserem Wiedersehen verschieben.

Mit besten Grüssen und der Bitte, mich Deiner Frau zu empfehlen

Dein

Minkowski

Strassburg im Els., den 28. August 1896

Lieber Freund!

Aus meinem so schön geplanten Aufenthalt in Rauschen soll nun leider nichts werden. Ich befinde mich auf dem Wege nach Zürich, wo es sich vielleicht schon morgen entscheiden wird, ob ich dorthin gehen werde. Die Züricher legen sehr grossen Werth darauf, mich zu bekommen. Ich habe sowohl einen Ruf als Professor am Polytechnikum in die SCHOTTKYsche Stelle wie als Professor an der Universität, so dass ich zwei verschiedene Anstellungsurkunden bekommen würde. Man beweist mir im Übrigen viel Entgegenkommen, sodass ich mich eben zu der Reise entschlossen habe. WEBER hier räth mir ausserordentlich zu, anzunehmen. — Weisst Du übrigens, dass auch in Greifswald eine Stelle freigeworden ist. MINNIGERODE ist gestorben.

In den nächsten Tagen schreibe ich ausführlicher. Augenblicklich bin ich etwas in Eile. — Dein Manuscript habe ich bei mir und hüte es wie meinen Augapfel vor allen Fährlichkeiten. Anfang nächster Woche hoffe ich, es Dir zustellen zu können. In Zürich bleibe ich jedenfalls nur ein paar Tage. Ob ich auf die Naturforscherversammlung verzichten werde und schon vorher wieder zurückkommen, weiss ich noch nicht.

Mit herzlichen Grüssen und den besten Empfehlungen an Deine Frau

Dein

Minkowski

Es sieht mir ganz aus, als ob es zur Annahme des Rufes kommen wird. Falls mich dann ALTHOFF wegen eines Nachfolgers befragen sollte, will ich ihm also HÖLDER in erster Reihe nennen. Wenn Du mir vielleicht in dieser Angelegenheit noch einen guten Rath zu geben hast, so treffen mich Deine Nachrichten: Strassburg im Els., Rupprechtsauer Allee 4.

Strassburg im Elsass, Ruprechtsauer Allee 4
5. Sept. 1896

Lieber Freund!

Vorgestern erst bin ich von Zürich zurückgekehrt, und ich bleibe die nächste Woche nun hier. Die Berufungsangelegenheit ist noch nicht entschieden. Alles hängt jetzt von der Antwort von ALTHOFF ab, an den ich vor einigen Tagen geschrieben habe. In Zürich ist man mir natürlich mit größter Liebenswürdigkeit entgegengetreten. Die mir zunächst gestellten Bedingungen, mit denen ich mich einverstanden erklärte, ohne jedoch eine bindende Zusage betreffs der Annahme der Berufung abzugeben, waren: 9000 frcs. Gehalt, 10 Stunden Vorlesungen, von denen etwa 6 für Universität und Polytechnikum gemeinsam, die anderen nur für Universität gelten sollten. Universität und Polytechnikum liegen in demselben Gebäude, erstere ist aber eine Anstalt ausschließlich des Kantons Zürich, letzteres eine Anstalt der Eidgenossenschaft. Ich würde also zwei verschiedene Anstellungen gleichzeitig erhalten; die am Polytechnikum (mit 3500 frcs) würde lebenslänglich, die an der Universität (mit 5500 frcs) auf 6 Jahre lauten; es soll aber noch niemals vorgekommen sein, daß jemand nach Ablauf seiner Anstellungszeit nicht wiedergewählt wurde. Die Behörde der Univ. hat schon ihre definitiven Beschlüsse gefaßt, die Vorschläge des Polyt. bedürfen noch der Genehmigung der Bundesregierung, und da haben sich, wie mir am letzten Tage meiner Anwesenheit in Zürich mitgetheilt wurde, gewisse Bedenken erhoben, von denen ich aber nur profitiren kann. Nämlich die Bundesregierung wünscht möglichst wenig vereinigte Stellen am Polyt. und der Univ., damit die anderen Kantone, die ja zumeist auch ihre Universitäten haben, nicht auf Zürich neidisch werden. Deshalb würde mir wahrscheinlich, was sich in den nächsten Tagen entscheiden soll, das Angebot gemacht werden, allein in's Polytechnikum einzutreten, unter demselben Gehalt, während die Vorlesungsverpflichtungen dann genau dieselben sein würden, wie ich sie jetzt in Königsberg habe. Eines dieser beiden möglichen Anerbieten soll aber jedenfalls gemacht werden, wie der verflossene Präsident der Schweiz selbst mir versicherte. Wenn nun ALTHOFF keinen Werth darauf legt, mich in Königsberg zu halten, d. h. einigermaßen zu verbessern, so werde ich wohl die Berufung annehmen. In Zürich selbst ist es, wie Du Dir wohl denken kannst, wunderschön. Gesellschaftlich hält man dort sehr wenig zusammen, jeder geht

seiner Wege. Die Familie HURWITZ behagt sich recht gut dort. N. B. sie senden
Dir und Deiner Frau viele Grüße. HURWITZ ist wenig verändert, hat nur einen
Posten weißer Haare bekommen. Er ist an meiner Berufung gar nicht betheiligt,
sie ist ganz allein das Werk GEISERS. Wenn die Züricher noch mehr hätten bieten können, würden sie zunächst Dich zu fangen versucht haben; ich habe dies,
was ich auch durchaus in der Ordnung finde, wohl mit ziemlicher Sicherheit feststellen können. — Anbei schicke ich Dir S. 290—309 Deines Manuscripts. Der
Rest folgt sobald als möglich. Zur Naturforscherversammlung bleibe ich wohl
hier, danach komme ich unmittelbar nach Königsberg zurück.

Mit herzlichen Grüßen und der Bitte, mich Deiner Frau zu empfehlen

Dein

Minkowski

Zürich V, Freiestrasse 102, den 17. November 1896

Lieber Freund,

Deine Postkarten habe ich seinerzeit richtig erhalten und mich über Deine guten Nachrichten gefreut. Was zunächst Deinen Bericht angeht, so schicke ich Dir
morgen wieder für einen Bogen Manuscript, 20 Seiten habe ich bereits durchgelesen bis zu der Stelle, wo die langen Rechnungen anfangen. Sie sind doch noch
ziemlich verwickelt. Wie ist es denn mit dem Falle $\mu \equiv 1 + \lambda^g$, (l^{g+1}), wenn $g > 1$.
Brauchst Du die betreffenden Resultate schliesslich nicht? Sonst wäre es nicht
sehr befriedigend, wenn hier die Beweise unterbleiben. Ich behalte nach dieser
Sendung nur noch einige Seiten, und Du kannst mir daher ein weiteres Stück
senden. Auch möchte ich Dich bitten, mir weitere Reindruckbogen zu senden. Ich
habe nur fünf. Ich habe dieselben, wogegen Du wohl nichts hast, auch HURWITZ
gegeben, der doch noch mancherlei, namentlich am Anfange, auszusetzen hat.
Seine hauptsächlichsten Bemerkungen sind wohl diese: Hülfssatz 2 handelt nur
von Functionen einer Variablen, es wird aber sogleich der allgemeinere Satz für
Functionen von r Variablen gebraucht; ferner, was ich auch schon seinerzeit bemerkt hatte: die Ideale werden für einen bestimmten Körper definirt, aber (z. B.

86

in § 12) ohne weitere Erörterungen auch in einem niederen oder höheren Körper verwandt; müsste man da nicht schon den Satz haben, dass eine Potenz eines jeden Ideals eine Zahl ist *).

Ich bin hier recht zufrieden und habe jetzt, nachdem die Vorlesungen ordentlich im Gange sind, auch viel Zeit für mich übrig. In der Mechanik habe ich ca. 14 Zuhörer. Doch da darunter die überwiegende Mehrzahl Praktiker sind, so muss ich sorgen, nicht zu mathematisch zu werden, und lese daher so ein Zwischending zwischen mathematischer und praktischer Mechanik, vielleicht gar noch mehr praktisch als KLEIN wohl sein mag. In der Functionentheorie habe ich alle höheren Semester, die von Mathematikern da sind, nämlich —4 (dieses ist ein Gedankenstrich, nicht ein Minuszeichen), tout comme chez nous. Doch sind in der mathematischen Abtheilung dieses Mal zehn neue hinzugekommen, und da ist wohl für die nächsten Semester auf grössere Zuhörerzahlen Aussicht. — Hier in Zürich selbst ist es natürlich wunderschön. Augenblicklich freilich ist viel Nebel da; bei Sonnenschein aber kann man noch jetzt grossartige Spaziergänge machen. Mit HURWITZ bin ich selbstverständlich sehr viel zusammen. Er wartet noch sehnsüchtig auf Deinen in Aussicht gestellten Brief. Sonst habe ich vorläufig nicht zuviel Verkehr. Mit den Besuchen beschränkt man sich hier auf die nächsten Collegen. Ob ich im Winter jemals zum Tanzen kommen werde, scheint mir zweifelhaft. Freilich vermisse ich dies nicht sehr.

Die Universitätsstelle ist noch immer nicht besetzt, nachdem noch STICKELBERGER und ein Mathematiker aus Helsingfors, der früher hier studirt hat und Leistungen in technischer Mechanik aufzuweisen haben soll, abgelehnt haben. Nun denkt man wieder an einen deutschen Mathematiker, HENSEL, STÄCKEL, STUDY etc. HENSEL würde gute Aussichten haben, wenn man nicht glaubte, dass er schliesslich doch ausschlagen und den Ruf nur für Berlin benutzen würde.

In Kiel ist als Extraordinarius an erster Stelle STÄCKEL vorgeschlagen worden. Ich war um eine Auskunft über seine persönlichen Eigenschaften angegangen und habe natürlich möglichst sachlich geantwortet. Der arme BURKHARDT hat wirklich Pech. Auch hier (in Zürich) will man ihn nicht, weil er langweilig aussieht. POCHHAMMER schrieb mir, dass STÄCKEL jedenfalls kommen würde. Das Ansehen der Königsberger Stellen wird dadurch wohl wieder steigen. Ausgeschlossen scheint es nicht, dass die hiesige Universität, nach manchem Guten, was

---

*) nein! S. 14! S. 204. *[Wohl eine Anmerkung Hilberts]*.

sie von STÄCKEL zu hören bekommen hat, ihn zu berufen versuchen wird. Er dürfte es dann wohl nur benutzen, um in Kiel möglichst rasch Ordinarius zu werden, wofür er ja wohl als Ersatz für WEYER von vorn herein bestimmt sein mag. Wie STÄCKEL veranlagt ist, wird er in Kiel in die dortigen Hofkreise Eingang zu finden wissen, was er ja als Reserveoffizier leicht hat, und ich sehe bereits seine künftige glänzende Laufbahn voraus. Ordentlich leid thut mir nur BURKHARDT, der nun einmal über das andere übergangen wird, weil man ihn einmal nicht gewollt hat.

Willst Du den FERMATschen Satz nicht so aussprechen: $\sqrt[n]{1+x^n}$ ist bei rationalen x und $n > 2$ stets irrational?

Nach diesen Klatsch- und sonstigen Geschichten will ich nächstens einen mehr wissenschaftlichen Brief schreiben.

Mit den besten Empfehlungen an Deine Frau und herzlichen Grüssen

Dein

Minkowski.

Mir fällt noch ein, dass wir vor einigen Tagen eine Sitzung in Betreff des internationalen Mathematikercongresses hatten. Er soll d. 9. 10. 11 August (Montag—Mittwoch) stattfinden. In's Comité ist für Deutschland KLEIN gewählt, was natürlich zur Folge haben wird, dass aus Berlin sicher Niemand kommen wird. Frankreich wird durch POINCARÉ vertreten.

Von Prof. WORONOJ aus Warschau, der sich eifrig mit Zahlentheorie beschäftigt, bekam ich dieser Tage ein eben erschienenes russisches Buch zugeschickt, in dem er die Kettenbruchalgorithmen ebenso wie ich verallgemeinert haben will. Sein Brief macht einen ganz verständigen Eindruck, und ich habe ihn ermuntert, eine Übersicht seiner Resultate deutsch zu veröffentlichen.

(Postkarte)   Zürich, den 21. November 1896

Lieber Freund!

Deine Postkarte gestern und soeben S. 394 — 424 von Deinem Manuscript habe ich erhalten, und ich wünsche Dir und Deiner Frau herzlich Glück, dass der

Bericht nun soweit ist. An Anerkennung für die wissenschaftliche That wird es Dir nicht fehlen, und auf Deine Frau werden nicht bloss die in Göttingen studirenden Damen (deren Zahl ja in diesen Tagen auch Zuwachs von Zürich aus erhalten hat), mit Bewunderung blicken. — Wegen des einen in meinem Briefe erwähnten Punktes scheint mir doch noch ein Zusatz zu S. 204 Deines Berichtes notwendig. Die Sache liegt doch so: Es seien $\mathfrak{a}$ und $\mathfrak{b}$ zwei Ideale in k, als Ideale in $\mathcal{K}$ mögen sie $\mathfrak{A}$ und $\mathfrak{B}$ heissen; man nennt dann $\mathfrak{a} = \mathfrak{A}$, $\mathfrak{b} = \mathfrak{B}$. Aus $\mathfrak{a} = \mathfrak{b}$ folgt selbstverständlich $\mathfrak{A} = \mathfrak{B}$. Dass aber aus $\mathfrak{A} = \mathfrak{B}$ auch $\mathfrak{a} = \mathfrak{b}$ folgt, bedarf folgenden besonderen Nachweises: Es sei l der Relativgrad von $\mathcal{K}$ in Bezug auf k, so folgt, wenn α eine beliebige Zahl aus $\mathfrak{a}$ ist, aus $\mathfrak{A} = \mathfrak{B}$ durch Heranziehung der relativ conjugirten Körper, dass α^l durch $\mathfrak{b}^l$ teilbar ist. Nunmehr folgt mit Hülfe des Satzes von der eindeutigen Zerlegbarkeit der Ideale in k, dass α durch $\mathfrak{b}$, also $\mathfrak{a}$ durch $\mathfrak{b}$ teilbar ist. Ebenso ist $\mathfrak{b}$ durch $\mathfrak{a}$ teilbar, mithin $\mathfrak{a} = \mathfrak{b}$. Diese Überlegung ist aber schliesslich doch nicht so einfach, dass sie stillschweigend übergangen werden könnte.

Auf den von Dir in Aussicht gestellten Brief freue ich mich.

Dein Manuscript werde ich mit thunlichster Beschleunigung studiren.

Mit bester Empfehlung an Deine Frau und herzlichen Grüssen

Dein

Minkowski

(Postkarte)   Zürich, den 7. December 1896

Lieber Freund!

Gestern habe ich Dir das Manuscript bis S. 404 incl. geschickt. Von REIMER habe ich heute einen neuen Correctur- sowie auch Reindruckbogen bekommen. Daß Du den Bericht möglichst rasch los sein willst, begreife ich, und ich will Dir auch so schnell wie möglich Dein Manuscript zurücksenden. Solange aber noch so vielerlei zu bemerken ist, kann ich mich nicht auf größere Schnellichkeit verpflichten. Schließlich ist doch eine gewisse Sorgfalt im Interesse der Sache und eine kleine Pause zwischen Durchsicht des Manuscripts und Drucklegung immer nützlich. Ich belege diese weisen Bemerkungen durch den Hinweis, daß nach

HURWITZ Satz 60. falsch ist, weil $\iota_1, \ldots \iota_m$ garnicht unter den Zahlen ϱ vorhanden zu sein brauchte. Ferner hast Du in Satz 64 eine von mir angegebene Änderung nicht angenommen, sodaß Du auf die Richtigkeit dessen schließt, was Du zuerst vorausgesetzt hast. Gieb Dich also zufrieden, wenn möglichst wenig Berichtigungen nöthig sein werden, sollte auch das Ganze ein paar Wochen später zu Ende kommen. — Falls das im Königsberger Seminar liegende Exemplar der Lectures von KLEIN Dein Eigenthum ist, bitte ich Dich, es HÖLDER mitzutheilen. Er hat mich schon vor einiger Zeit dieserhalb angefragt.

Mit herzlichen Grüßen und besten Empfehlungen an Deine Frau

Dein

H. Minkowski

Soeben bekomme ich Deine Karte. In Erwartung einer Mahnung hatte ich schon noch Platz offengelassen. — Ist also B. der Glückliche, den das Loos trifft?

(Postkarte)   Zürich, den 10. Dec. 1896

Lieber Freund!

Deinem Wunsche entsprechend schicke ich Dir noch Manuscript, sodaß es gewiß zum Bogen reicht. Doch muß ich jetzt schon erklären, daß ich das Manuscript für einen weiteren Bogen Dir nicht innerhalb acht Tagen werde liefern können. — Für Deinen Brief sage ich Dir besten Dank. Die Berufungssachen haben mich sehr interessirt; die Berufung von B. kann noch sehr leicht hier auf große Schwierigkeiten bei der Behörde stoßen, da ein schwarzer Kandidat große Anstrengungen macht. Die Bedeutung, zu der STÄCK. nun kommt, ist wirklich wunderlich. In Königsberg erzählt er, ALT. habe ihm gesagt, es sei unrecht von mir, daß ich ihn nicht mit vorgeschlagen habe, er würde ihn aber schadlos halten.

Mit herzlichem Gruß

Dein

Minkowski

(Postkarte)   Zürich V, Freiestrasse 102, d. 30. Dec. 1896

Lieber Freund!

Herzliche Glückwünsche zum neuen Jahre für Dich und Deine Familie.

Daß der Bericht sich noch bis 1897 hinüberschleppt, kränkt Dich wahrscheinlich. Tröste Dich aber damit, daß er nun bald fertig ist und jedenfalls viel Anklang finden wird. Von WEBER hörte ich, daß BRILL ganz unmotivirt REIMER
grobgeworden ist und dieser deshalb der Vereinigung den Vertrag gekündigt hat.
WEBER ist von seinem Verleger aufgefordert, bereits die zweite Auflage der Algebra vorzubereiten, gewiß ein großer Erfolg und ein Zeichen, daß das Buch
einem Bedürfniß entsprach. Bekomme ich demnächst wieder Manuscript?

Herzliche Grüße

Dein

Minkowski

(Postkarte)   Zürich 7. Jan. 1897

Lieber Freund!

Dieser Tage war ich sehr in Anspruch genommen, morgen sende ich Dir
Manuscript und wohl auch die Correctur. Bei Deinem ersten Beweise des Reciprocitätssatzes für quadr. Reste ist nicht bewiesen, daß man nicht für zwei un-
gerade Primz. $q \cdot q' \equiv 3$ (mod. 4) sowohl $\left(\dfrac{q}{q'}\right) = -1$ wie $\left(\dfrac{q'}{q}\right) = -1$ haben
kann, welcher Punkt freilich unter Zuhülfenahme der PELLschen Gleichung am
einfachsten zu beweisen ist.

Mit bestem Gruße

Dein

In Eile   Minkowski

(Postkarte)   Zürich, d. 20. Januar 1897

Lieber Freund!

In der gegenwärtigen Sendung habe ich nichts zu verändern gefunden, außer vielleicht in der Orthographie. Ich habe sie dabei nicht weniger sorgfältig studirt als die früheren. Bis zum Sonntag hoffe ich ein weiteres Stück des Manuscripts durchzusehen. — Die Reindruckbogen liegen bei HURWITZ, der aber nichts wesentliches mehr findet. Bei nächster Gelegenheit will ich einmal ausführlicher schreiben.

Mit besten Grüßen und der Bitte, mich Deiner Frau zu empfehlen,

Dein

Minkowski

Die Correctur des neuen Bogens erledige ich wohl morgen.

Zürich, Freiestrasse 102, den 31. Januar 1897

Lieber Freund,

Deine beiden Postkarten und den Schluss Deines Manuscripts mit Vorwort habe ich erhalten, und nun wo ich das Ganze habe, will ich die Durchsicht auch doppelt so rasch erledigen.

Dein Beweis des Reciprocitätssatzes ist nicht leicht zu lesen. Vielleicht empfiehlst Du dem Leser an der Stelle, wo Du von dem schrittweisen Vorgehen beim Beweise sprichst, zuerst die sämmtlichen Sätze und Hülfssätze dafür ihrem blossen Wortlaute nach in Kenntniss zu nehmen. — Ich denke das Kapitel über den Reciprocitätssatz morgen an Dich abzuschicken. Das Manuscript bei REIMER reicht ja wohl auch noch.

Übrigens ist mir der Zettel, auf dem ich mir die Nummern der letzten Sätze etc. merkte, abhanden gekommen. Ich merke nun wenigstens die Zahl der neu hinzukommenden Sätze u.s.w. an, damit weiterhin die Angaben wieder richtig gemacht werden können.

92

Felix Klein

Otto Hölder

Ich hatte in meinem Briefe an VOLKMANN rein zufällig die Bemerkung gemacht, dass Königsberg die einzige preussische Universität mit Einem mathematischen Ordinariat sei. Ich begriff dann gar nicht seine Freude über diesen grossen „Gedanken", wie ich andererseits mich über sein eigenes starkes Hervortreten in der Berufungssache wunderte. Erst gestern bekam ich die Erklärung dafür durch eine Postkarte von ihm, wonach HÖLDER mit Urlaub nach Leipzig abgereist ist. Er lässt sich über HÖLDER's Zustand nicht viel aus, aber seine Bemerkung, „wir wollen Alle das Beste hoffen" klingt wenig zuversichtlich. HÖLDER soll ja wohl schon früher einmal einen ähnlichen Zustand gehabt haben. Es thut mir herzlich leid um ihn, dass der Ruf für ihn so wenig Erfreuliches mit sich bringt. — Ich kann mir nicht denken, dass es günstig auf seinen Gesundheitszustand wirken wird, wenn er erfährt, die Königsberger wollen ihm einen zweiten Ordinarius an die Seite setzen. Und es thut mir leid, diese Frage unter diesen Umständen überhaupt auf's Tapet gebracht zu haben.

Unter S-s in Deiner Karte habe ich anfangs SCHOENFLIES verstanden, hältst Du SCHEFFERS wirklich für eine gute Erwerbung. Im Übrigen bin ich auch ganz für die Kandidaten, die Du genannt hast.

Offen gestanden — aber nun wappne Dich gegen eine Überraschung — am liebsten ginge ich selbst wieder zurück. Wenigstens, wenn mir heute ALTHOFF wieder die Alternative stellte, die er mir seinerzeit gestellt hat, würde ich mich gewiss für Königsberg entscheiden. Du wirst gewiss darüber erstaunt sein, zumal nach meinen ersten zufriedenen Briefen. Mittlerweile habe ich aber die Lage der Dinge hier besser kennen gelernt.

Trotz aller Bemühungen, die ich mir für meine Vorlesung über analytische Mechanik gebe, — ich bereite sie auf's minutiöseste vor und suche in der Auswahl des Stoffes mich den Bedürfnissen der Zuhörer anzupassen, ist das Häuflein derselben doch stark zusammengeschmolzen. Die Leute, und auch die tüchtigsten unter ihnen, sind gewohnt — wie Dr. HIRSCH sagt, wie ich gefunden habe, der Einzige, der die hiesigen Verhältnisse gegenüber den deutschen Universitätsverhältnissen richtig abschätzt — dass man ihnen alles um den Mund schmiert. Zu jeder ihrer sonstigen Vorlesungen gehören stets Repetitorien und Übungen. Solche soll ich nicht abhalten, da die Leute schon sehr überhäuft sind, und da ich doch nicht immer bloss an der Oberfläche des zu behandelnden Stoffes bleiben kann, ist die Folge, dass ich nur noch ein Drittel feste Zuhörer habe, während die anderen bloss sporadisch auftauchen. Ich sehe auch gar nicht, wie das jemals viel besser werden soll. Schliesslich komme ich noch gar in den Ruf eines schwierigen Docenten, und dann sind von vornherein die Meldungen zu den Vorlesungen wenig zahlreich. Ich werde in der Popularisirung des Stoffs bis an die äusserst mögliche Grenze gehen müssen; denn auch diejenigen, die mich vielleicht um wissenschaftlicher Leistungen wegen genommen haben, wollen schliesslich für ihr Geld auch etwas haben. So sehe ich ziemlich traurig in die weiteren Semester, viel solche Arbeit, die mir im Grunde wenig zu Gute kommt, anders, als ich mir die Sachlage bei Annahme des Rufes ausgemalt habe. Auch die eigentlichen Mathematiker, deren Zahl aber sehr gering ist, sind durch alle Collegien, die sie sonst hören müssen, so in Anspruch genommen, dass sie nur geniessen können, was ihnen zerschnitten und zerlegt nach gewaltsamer Öffnung des Mundes eingetrichtert wird. HURWITZ selbst hat hierbei gar nicht mehr das richtige Empfinden, dass diese Thätigkeit doch nicht die beneidenswertheste ist.

Unter diesen Umständen könnte ich wirklich fast, wenn Aussicht auf Erfolg da wäre, mich zu irgend einem Schritte entschliessen, um die Frage meiner Zurückberufung aufzuwerfen. Andererseits fühle ich doch, dass, selbst wenn ich dabei auf Erfolg Aussicht hätte, ich doch in den Augen der Meisten sehr lächerlich erscheinen würde. Also werde ich mich doch wohl bescheiden müssen und dem Leben hier die besten Seiten abzugewinnen suchen. Ich hoffe sehr auf das Frühjahr, jetzt hatten wir meistens Nebel, im ganzen December gab es 9 Stunden Sonnenschein.

Zum Congress sind schon die Programme für Ausflüge etc. entworfen, das Wissenschaftliche kommt natürlich auch hier wieder zuletzt.

Du wirst vielleicht über das, was ich Dir vorgeklagt habe, in dem Bewusstsein, alles so vorausgesehen, zu haben, eine kleine Genugthuung empfinden. Ich bin eben doch etwas im „Schumm" gewesen, als ich mich damals so rasch entschloss.

Was für Erfolge hat eigentlich KLEIN mit seiner „technischen" Mechanik. HURWITZ und ich streiten uns, wer grösser dasteht; HURWITZ hat nach KLEIN in einer Arbeit, auf die er besonders stolz ist, „Bemerkungen" gemacht, und ich habe in meinem Buche „Ansätze" gegeben.

Was treibst Du eigentlich jetzt? Ich war in der letzten Zeit fast ganz durch die Vorlesungen absorbirt.

Ich bitte, mich Deiner Frau sehr zu empfehlen, die gewiss mehr Mitleid wie Du mit mir haben wird. Auch bitte ich Franz zu grüssen. Mit herzlichen Grüssen

Dein

Minkowski

(Postkarte)   Zürich, d. 9. Februar 1897

Lieber Freund!

Besten Dank für Deinen Brief. Ich schicke Dir anbei nur 19 Seiten Deines Manuscripts, aber nach meiner Berechnung hat REIMER damit über 60 Seiten Manuscript, ein Stillstand wird also nicht eintreten. Den Bogen 29 erledige ich wohl heute oder morgen. — Es ist mir nicht recht klar, wozu STÄ. die Mittheilungen macht, um bei Dir oder um bei mir Vorurtheile zu zerstreuen, oder erwartet er irgend eine Gegenäusserung von mir. Wenn Dir letzteres der Fall zu sein scheint, so bitte ich Dich, dies zu constatiren. Sonst können wir diese unerquickliche Geschichte bei Seite legen. — Ist nicht HORN in Charlottenburg werth, als Kandidat in Königsberg genannt zu werden. Er ist schon ziemlich lange Privatdocent, aber nicht alt, früher war er in Freiburg. Man kennt ihn wenig, weil er sich sehr zurückziehen soll; er ist aber vielleicht nicht weniger tüchtig als andere jetzt zur Verfügung stehende Privatdocenten. — Mit HURWITZ bin ich viel zusammen. Er hat jetzt in den letzten Tagen recht interessante neue Sätze über Invarianten gefunden und ist es ihm geglückt, neue Endlichkeitssätze zu beweisen, für welche die anderen Methoden nicht ausreichten; er ist darob sehr vergnügt.

Herzliche Grüsse

Dein

Minkowski

Zürich, Freiestrasse 102, d. 11. März 1897

Lieber Freund,

Anbei sende ich Dir eine Rede von SCHUBERT über WEIERSTRASS, die HURWITZ gehört, und die ich Dich bitte, bei Gelegenheit ihm zurückzusenden; von Aufsätzen, die WEIERSTRASS betreffen, wüsste ich sonst nur seine akademische Antrittsrede, die Antwort von ENCKE darauf, ferner die im Jahresbericht gedruckte Adresse der Mathematikervereinigung. Sein Doctordiplom war „propter insignia in theoria functionum Abelianarum inventa" ausgestellt. Die Hauptsache an Deiner Rede wird doch Deine Auffassung seiner wissenschaftlichen Verdienste sein.

Ich habe jetzt die Referate für die Fortschritte erledigen müssen. Deshalb habe ich Dir noch nicht Dein Verzeichniss der Druckfehler etc. zurückgesandt. In den ersten Bogen finde ich doch noch mancherlei zu moniren. Willst Du in Deinem Vorwort nicht vielleicht den Thatsachen entsprechend sagen, dass ich die drei letzten Theile im Manuscript gelesen habe. Ich finde, die kleinen Ungenauigkeiten, die am Anfange noch vorhanden sind, wird Dir, der das Ganze im Kopfe haben musste, Niemand vorwerfen; ich hätte sie aber, wenn ich das Manuscript gelesen hätte, nicht übersehen dürfen.

Für meinen Satz, dass man n reelle lineare Formen mit einer Determinante $\pm D$ durch ganzzahlige Werthe der Variablen, die nicht alle verschwinden, sämmtlich dem Betrage nach $\leqq \sqrt[n]{D}$ machen kann, hat Hurwitz nach einem neulichen Gespräche einen lächerlich einfachen Beweis gefunden, dass ich mich ordentlich schämen muss, nicht selbst auf denselben gekommen zu sein, und dieser Beweis erlaubt auch, den Grenzfall bezüglich des Zeichens $=$ (in $\leqq \sqrt[n]{D}$) zu erledigen, wenn letzterer Punkt doch noch einige Schwierigkeiten macht. Der Beweis ist folgender. Es genügt den Satz für Formen mit rationalen ganzen Coeffizienten zu erledigen: Die Formen seien

$$y_h = a_{h1} x_1 + a_{h2} x_2 + \ldots + a_{hn} x_n \quad (h = 1, \ldots n)$$

und $\;abs\,|a_{hk}| = D$. Dann folgt

$$D x_k = A_{1k} y_1 + A_{2k} y_2 + \ldots + A_{nk} y_n = \xi_k \quad (k = 1, \ldots n),$$

wo die A_{hk} ganze Zahlen sind. Man hat nun unter den Systemen $\xi_1, \ldots \xi_n$ für alle möglichen ganzzahligen Werthe $y_1, \ldots y_n$ im Ganzen D nach D incongruente Systeme $\xi_1, \ldots \xi_n$, wie die unimodulare Reduction von $|a_{hk}|$ auf ein quadratisches System, in dem nur die Diagonalglieder $\neq 0$ sind, ergiebt. Ist nun $\varDelta$ die grösste in $\sqrt[n]{D}$ enthaltene ganze Zahl, so ist $(\varDelta + 1)^n > D$ und nimmt man

$$y_h = 0, 1, 2, \ldots \varDelta \quad (h = 1, \ldots n),$$

so hat man daher unter diesen $(\varDelta + 1)^n$ Systemen nothwendig irgend zwei, y_1', $y_2', \ldots y_n'$ und $y_1'', y_2'', \ldots y_n''$, für welche $\xi_1, \xi_2, \ldots \xi_n$ dieselben Restsysteme nach D liefern. Dann sind $y_1'' - y_1' = b_1, \ldots y_n'' - y_n' = b_n$ sämmtlich dem Betrage nach $\leqq \sqrt[n]{D}$, nicht sämmtlich Null, und giebt es ganze Zahlen $x_1, \ldots x_n$, wofür die Formen $y_1, \ldots y_n$ gleich $b_1, \ldots b_n$ werden. —

Hier haben die Ferien noch immer nicht begonnen. Hurwitz' Bruder schreibt, dass Cantor aus Halle nach München berufen sei. Die Nachricht klingt sehr seltsam. Etwa auf einen Lehrstuhl für Shakespearologie?

Was mach eigentlich Dein Haus? Ich habe schon immer vorgehabt, danach zu fragen. Wohnt Ihr eigentlich schon darin?

Mit herzlichen Grüssen und der Bitte, mich Deiner Frau zu empfehlen

Dein

H. Minkowski

(Postkarte)   Zürich, d. 17. März 1897

Lieber Freund!

Zunächst wiederhole ich Dir und Deiner Frau meine herzlichsten Glückwünsche zu Eurem Einzug in's eigene Haus.

Deine Zusätze zum Bericht, die ich noch bei mir habe, lasse ich mit der nächsten Post an Dich abgehen. Mit der Durchsicht der Reindruckbogen bin ich zwar noch nicht weit gekommen, aber da es doch nur Kleinigkeiten sind, die ich wahrnehme, (nur weil ich bald das Ganze auswendig kenne, erschienen sie mir so schlimm), so wirst Du sie auch noch in nächster Woche in der Correctur der Correcturen berücksichtigen können, soweit es Dir angebracht erscheint. Ich schicke Dir dann die Reindruckbogen mit meinen und HURWITZ' Anmerkungen zu, die meisten sind wohl nur für eine zweite Auflage gut. — Sowie ich mit meinen Referaten fertig bin, will ich Dir eine Note für die Göttinger Nachrichten über convexe Körper zusenden. Ich habe da einige ganz niedliche Sachen herausgebracht, die ich schon sehr lange vermuthete, aber nicht beweisen konnte. Habt Ihr eigentlich vor Ende April noch Sitzungen?

Anfang nächster Woche gehe ich auf kurze Zeit nach Straßburg. Den letzten Correcturbogen und das Vorwort habe ich erhalten und erledige sie sobald als möglich. Daß Du den Dank an Frau HILBERT unterschlagen hast, finden HURWITZ und ich scandalös und darf dies jedenfalls nicht so bleiben.

Herzliche Grüße Dein

Minkowski

(Postkarte)   Zürich, den 21. 3. 1897

Lieber Freund!

Die betreffende Stelle bei GAUSS steht Werke Bd. II S. 115 *).

---

*) S. 152 [Verbesserung von Hilbert].

98

Für die Auskunft über die Sitzungen Eurer Gesellschaft besten Dank. — Ein Hauptsatz, den ich bewiesen habe, und der ebenso in beliebig vielen Dimensionen gilt, ist: Sind $\mathcal{F}_\nu$, α_ν, β_ν, γ_ν ($\nu = 1, 2, \ldots n$) irgend welche Grössen, so dass

$$\mathcal{F}_\nu > 0, \; \alpha_\nu{}^2 + \beta_\nu{}^2 + \gamma_\nu{}^2 = 1; \sum_\nu \mathcal{F}_\nu \alpha_\nu = 0, \sum \mathcal{F}_\nu \beta_\nu = 0, \sum \mathcal{F}_\nu \gamma_\nu = 0,$$

ferner keine zwei Systeme α_ν, β_ν, γ_ν gleich sind und nicht alle Determ.

$$\sum \pm \, \alpha_{\nu'} \, \beta_{\nu''} \, \gamma_{\nu'''}$$

verschwinden, so giebt es ein und nur ein convexes Polyeder mit n Seitenflächen, wobei je eine α_ν, β_ν, γ_ν als Richtungscosinus der inneren Normalen und $\mathcal{F}_\nu$ als Grösse der Seitenfläche hat, wenn ausserdem noch der Schwerpunkt des Polyeders beliebig gegeben wird. Damit lässt sich z. B. beweisen: Wenn convexe Körper mit Mittelpunkt sich wieder zu einem convexen Körper zusammensetzen, so hat auch dieser stets einen Mittelpunkt. Ferner der Satz, dass die Kugel die Lösung des bekannten isoperimetrischen Problems ist. Weiter, dass wenn durch Ungleichungen $a\,x + b\,y + c\,z + d \leqq 0$ (bez. < 0) ein Bereich bestimmt sein soll, der zu jedem beliebigen Systeme x, y, z ein modulo 1 congruentes enthält, der Bereich einen Mittelpunkt haben muss, für welchen Fall die Aufgabe schon in meinem Buche erledigt ist, u. ähnliche Dinge mehr, die sich einfach ausdrücken, aber doch nicht leicht beweisen lassen.

Mit besten Grüssen und bester Empfehlung an Deine Frau

Dein

H. Minkowski

(Postkarte)   Zürich, den 4. April 1897

Lieber Freund!

Soeben erhielt ich von REIMER die Correcturbogen Deiner Verzeichnisse. Ich schicke sie Dir nicht zu, weil jedenfalls nur Druckfehler darin zu ändern sind, die Du selbst bemerken wirst und ich Dich nicht aufhalten will. Die Reindruckbogen habe ich Dir nicht zugeschickt, da ich zu der vollständigen Durchsicht, die ich vorhatte, in Strassburg nicht kam, andererseits nur nebensächliche Ausstellungen zu machen waren, die besser dem Leser selbst überlassen werden, als in das Verzeichniss aufzunehmen wären. Auch die Note für die Göttinger Nachrichten

habe ich noch nicht fertiggestellt, einmal weil ich wenig freie Zeit hatte, andererseits weil die Quelle meiner Sätze sich immer ergiebiger gestaltet und ich sie doch
wenigstens in der Hauptsache erschöpfen möchte, ehe ich an die Publication
gehe. — Soweit ich aus den Statuten der Göttinger Gesellschaft sehe, habt Ihr
in der Charwoche keine Sitzung, und ich werde Dir also die Mittheilung erst
zur ersten Sitzung nach Ostern senden. — Der HURWITZ'sche Beweis für meinen
Satz über lineare Formen ist doch von dem Deinigen wesentlich verschieden, wenn
darin auch ebenfalls der DIRICHLET'sche Gedanke zur Anwendung kommt.

Mit besten Grüssen

Dein H. Minkowski

Zürich, den 14. Mai 1897

Lieber Freund!

Deinen Bericht habe ich heute erhalten und ich sage Dir für das schöne Geschenk und die mir durch die wundervolle äussere Ausstattung bewiesene besondere Aufmerksamkeit herzlichsten Dank. Ich wünsche Dir Glück, dass endlich
nach der langjährigen Arbeit der Zeitpunkt herangekommen ist, wo Dein Bericht
Gemeingut aller Mathematiker wird, und ich zweifle auch nicht daran, dass in
nicht ferner Zeit Du selbst unter die grossen Klassiker der Zahlentheorie gezählt
werden wirst. Einen wie brauchbaren Bericht Du geschrieben hast, erkennst Du
zugleich an diesen Wendungen, die ich aber ebenso ehrlich meine wie der Autor,
dem ich sie entlehnt habe.

Auch beglückwünsche ich Deine Frau zu dem guten Beispiel, das sie für alle
Mathematikerfrauen aufgestellt hat und das nun für ewige Zeiten der Erinnerung aufbewahrt bleiben wird.

Hast Du nun die Ferien nach Wunsch ausgenutzt? Deine letzten beiden Separatabzüge habe ich mit Interesse studirt. Meine Note für die Göttinger Nachrichten hoffe ich Dir zur nächsten Sitzung (d. 29, soviel ich berechnet habe) bestimmt zu schicken. Dass KLEIN demnächst Correspondent der Pariser Akademie
wird, wie mir LAUGEL nach einer Mittheilung von HERMITE schreibt, wird wohl

auch schon bei Euch bekannt sein. So werden die Berliner Mathematiker bald sich in keinem Punkte den Göttingern über halten dürfen.

Der von Dir seinerzeit uns angekünigte ANHENN ist (nach der Beschreibung zu urtheilen, die BURKHARDT von ihm entworfen hat), vorgestern einmal in meiner Vorlesung gewesen; im Übrigen hat er sich weder bei HURWITZ noch bei mir blicken lassen.

Wahrscheinlich wird ihm hier alles zu elementar sein. Ich lese partielle Differentialgleichungen, wozu gegen 20 Mann sich eingefunden haben; dagegen ist die Vorlesung über Hydrodynamik, die ich noch halte, spärlich besucht.

Mit BURKHARDT treffen wir häufiger zusammen und haben ihn als dritten im Spaziergängerbunde aufgenommen. Er ist ganz angenehm im Umgang und im mathematischen Verkehr. Frau HURWITZ hat grosses Mitgefühl für ihn, weil er sich in Göttingen den Beinamen eines „Bummelzuges" erworben haben soll.

Jüngstens war MITTAG-LEFFLER hier, mit dem mathematisch offenbar nicht viel los ist. Von meinem Buche schien er wenig erbaut zu sein, und fast fürchte ich, dass es Dir mit Deinem auch nicht viel besser bei ihm gehen wird. Die „Abstractionsfähigkeit des Verstandes" macht doch manchen Leuten Kopfschmerzen.

Dass FRANZ MEYER nach Königsberg kommt, ist ja sehr nett; hoffentlich werden er und HÖLDER sich gut vertragen. MEYER wird jedenfalls vor seiner Abreise bei Euch in Göttingen sein; suche ihn dann zu bestimmen, dass er sich HÖLDER's ordentlich annimmt, namentlich auch den Königsberger Collegen gegenüber, die zunächst wohl wenig Vertrauen HÖLDER entgegenbringen mögen.

Mit herzlichen Grüssen an Dich, Deine Frau und Deinen Franz

Dein

H. Minkowski

Zürich, den 30ten Mai 1897

Lieber Freund!

Die traurige Nachricht, die Dein Brief bringt, hat mich tief ergriffen, und ich drücke Dir und den Deinigen meine innigste Theilnahme aus. Das Ereigniß ist so schrecklich, daß es unmöglich ist, ein tröstendes Wort zu finden. Wer Deine

Schwester kannte, mußte sie wegen ihres stets heiteren und freundlichen Wesens bewundern und mußte sich von ihrer glücklichen Lebensauffassung und ihrer Munterkeit mitreißen lassen. Ich denke noch der Zeit, da Ihr ein Jeder mit etwas unsicheren Aussichten in die Zukunft verlobt wart, dann wie fröhlich sie in München und immer in Rauschen war. Es ist schier unfaßbar, daß sie Euch so jung verlassen sollte. Wie mag sie Dir an's Herz gewachsen sein, der Du keine anderen Geschwister hast und so viele Jahre mit ihr zusammen aufgewachsen bist.

Man glaubt mitunter bei der Beschäftigung mit der Wissenschaft, dadurch einen festeren Halt in des Lebens Wechselfällen zu haben als andere Menschen und ihnen an Gleichmuth voraus sein zu können, im Grunde aber hat man doch nicht mehr gewonnen als einen Weg, sich seiner traurigen Gedanken zu entschlagen.

Sei herzlichst gegrüßt von Deinem

H. Minkowski

Zürich, den 10. Juni 1897

Lieber Freund!

Ich bin im Begriffe, Dir und Deiner Frau einen Separatabzug von der Voranzeige meines jüngsten Werks zugehen zu lassen, über welches ich wohl mehr Freude empfinde als über vieles andere. Ich habe mich nämlich am Pfingstsonntag mit Frl. AUGUSTE ADLER aus Straßburg i. Els. verlobt. Meine Wahl ist, wie ich überzeugt bin, eine sehr glückliche; und ich hoffe bestimmt, daß auch für mein wissenschaftliches Arbeiten der Zustand, in den ich nach Überwindung des unvermeidlichen, wenig Freiheit lassenden Zwischenstadiums schon Ende August gelangen werde, sehr gut sein wird.

An meiner Note habe ich noch in Straßburg bis Sonnabend gearbeitet. Seit dem Sonntag gehöre ich aber kaum eine Minute mir selber. Ich würde zu ihrer Erledigung vielleicht nur einen, aber wirklich freien Tag brauchen, hoffentlich findet er sich bald. — Für Deine beiden Separatabzüge meinen besten Dank.

Mit herzlichen Grüßen an Dich und Deine Frau

Dein

H. Minkowski

102

Wie ich sehe, ist mein Bericht über meine Braut doch selbst, wenn man zu-
giebt, daß sich brieflich schwer eine zutreffende Schilderung entwerfen läßt, etwas
sehr kurz ausgefallen. Sie ist 21 Jahre, sieht sehr sympathisch aus, nicht bloß
nach meinem Urtheil, sondern nach dem Aller, welche sie kennen, ist inmitten
von 6 Geschwistern sehr häuslich erzogen und besitzt einen nicht gewöhnlichen
Grad von Intelligenz. Der Vater ist Kaufmann, er hat eine große Lederfabrik
in der Nähe von Straßburg. — Ein Bild von meiner Braut und mir sende ich
Euch, sowie ich ein solches haben kann.

Zürich, Freiestrasse 102, den 23. Juli 1897

Lieber Freund!

Die so oft versprochene Note für die Göttinger Nachrichten habe ich endlich
soeben an Dich abgeschickt. Die Resultate stehen nicht im Verhältniss zu der
Spannung, die ich durch mein langes Zögern verursacht haben muss. Hoffentlich
ist die Note noch so rechtzeitig in Deinen Besitz gekommen, dass Du sie gestern
vorlegen konntest. Nach meiner Berechnung muss da die letzte Sitzung vor den
Ferien gewesen sein. Ursprünglich war es meine Absicht gewesen, bei Gelegenheit des Congresses an Bekannte Separatabzüge der Arbeit zu vertheilen. Doch
dürfte bei der Nähe des Congresses dies jetzt ausgeschlossen sein.

Ich erlaubte mir, eine Photographie von meiner Braut und mir für Dich und
Deine Frau beizulegen. Das Bild ist nicht gut, meine Braut namentlich ist sehr
schlecht getroffen, doch da ich kein anderes Bild habe, so muss ich schon dieses
unvollkommene geben. Unsere Hochzeit ist auf Ende August festgesetzt. Da die
Familie meiner Braut vor Kurzem einen nahen Verwandten verloren hat, so wird
die Hochzeit in kleinstem Kreise gefeiert.

Wirst Du nun zum Congress kommen? Die bisherigen Anmeldungen sind
sehr zahlreich. Wir haben hier schon lange Nichts über Dein Ergehen gehört. Ich
bin durch meinen Bräutigamsstand in der letzten Zeit fast gar nicht zu wissenschaftlicher Arbeit gekommen. Dass BURKHARDT sich in voriger Woche ebenfalls
verlobt hat, mit einer hier studirenden jungen Dame, die hier einen Schwager
und in Wien den Vater als Professoren besitzt, ist vielleicht schon bis nach Göt-

JOSEPH JOHN THOMSON

CARL NEUMANN

tingen gedrungen. Welch guten Einfluss also die Berufungen nach Zürich haben!

Ich hoffe, gute Nachrichten von Dir zu erhalten. Mit besten Grüssen an Dich, Deine Frau und Franz

Dein

H. Minkowski

Zürich, V, Mittelstrasse 12, den 23. November 1897

Lieber Freund,

Nach meiner Schweigsamkeit mögt Ihr wohl der Meinung sein, ich sei seit meiner Verheirathung ganz verändert, während ich in dem Interesse für meine Freunde und meine Wissenschaft gewiss der Alte geblieben bin. Ich habe nur zunächst eine Zeit lang dieses Interesse nicht in gewohnter Weise an den Tag legen können.

104

Vor Allem danke ich Dir sehr für Dein freundliches Schreiben, und Dir und
Deiner Frau sage ich, zugleich auch im Namen meiner Frau, herzlichen Dank für
das schöne Geschenk, durch das Ihr uns erfreut habt. Es gereicht unserem Speise-
zimmer zu einer grossen Zierde, und ich hoffe, dass Ihr in nicht zu langer Zeit
Euch selbst überzeugen könnt, wie schön und angenehm es in die Augen fällt.
Der Zufall hat es übrigens gewollt, dass wir von HURWITZENS eine Art Pendant
zu Eurer Dedication erhielten, wodurch speciell für mich noch eine ganz besondere Harmonie in dem von uns getroffenen Arrangement hervortritt.

Unsere Hochzeit war am 5. September, und den September hindurch waren
wir dann auf Reisen in Tirol, und zuletzt in Italien, an den Seen und in Venedig.
An den schönsten Punkten dachte ich oft daran, Euch Ansichtskarten zu senden,
unterliess es aber wohl, weil Du damals auf der Naturforscherversammlung jedenfalls für ganz andere Dinge Sinn hattest. Hierher zurückgekehrt, mussten wir
fast den ganzen Oktober über noch in einer Pension zubringen, weil an der Wohnung, die ich nach langem Suchen einigermassen freundlich gefunden hatte, noch
vieles zu renoviren war. Erst jetzt sind wir mit der Einrichtung ziemlich fertig
geworden, sodass ich endlich wieder ruhig an die Mathematik gehen kann. — Zu
Deinem Eintritt in die Redaction der Annalen gratulire ich Dir bestens; den Annalen wie überhaupt der mathematischen Litteratur wird dieser Umstand sehr
förderlich sein. — Ich will Dir einige Partieen aus dem zweiten Theile meines
Buches, die sich leicht loslösen lassen, für die Annalen übersenden. Auf meine
Preisarbeit werde ich wohl erst wieder bei Gelegenheit meines Berichts für die
Vereinigung, zu dem es eines Tages doch noch kommen wird, zurückkommen.
Meine Note über die convexen Polyeder stelle ich etwas ausführlicher in meinem
Buche dar; eine französische Übersetzung wollte MITTAG-LEFFLER in den Acta
bringen.

Bereitest Du selbst wieder eine grössere Publication vor? man hat für Deine
Verhältnisse schon eine ganze Weile Nichts von Dir zu lesen bekommen. HUR-
WITZ studirt und kritisirt jetzt eifrig Deinen Bericht; er hätte am liebsten die
Darstellung so gewünscht, dass jedes kleine Kind den Bericht verstehen könnte.

Ich lese dieses Semester drei zweistündige Vorlesungen und habe in jeder ca.
8 Hörer. Es giebt hier nur einen mathematischen Studenten, der mehr als 3 Semester hat. Das Colloquium wird hauptsächlich durch die Assistenten gestützt.
BURKHARDT will im December heirathen. Er wird dann in meiner unmittelbaren
Nähe wohnen.

Was macht Euer Franz? Wenn Ihr eine neuere Photographie von ihm habt, könntet Ihr sie uns wohl dediciren.

Mit herzlichen Grüssen, auch von meiner Frau, für Dich und Deine Frau

Dein Minkowski

Zürich, Mittelstrasse 12, den 13. April 1898

Lieber Freund,

Mit Deinen guten Nachrichten nach so langer Pause in unserer Correspondenz habe ich mich sehr gefreut. Dein Brief wurde mir nach Strassburg nachgeschickt, wohin ich Anfangs der Ferien mit meiner Frau gereist war und von wo ich dieser Tage zurückgekehrt bin. Wir haben dort eine schwere Zeit durchgemacht. Wir waren hingereist, weil mein Schwiegervater leidend war. Zuletzt schien eine wesentliche Besserung in seinem Befinden eingetreten zu sein und wir hatten schon den Tag unserer Abreise festgesetzt, als ein Herzschlag ihn plötzlich dahinraffte. Ich war dann in grosser Sorge, dass die Aufregungen meiner Frau nicht schadeten, die in wenigen Monaten einem freudigen Ereignisse entgegensieht. Doch hat ihre starke Natur die kummervolle Zeit ohne Nachtheil überstanden.

Jetzt leben wir hier noch ruhiger als bisher. Wir haben eine sehr freundliche Wohnung, ganz in der Nähe des Sees, mit wundervoller Aussicht. Das Haus ist ganz frei gelegen, sodass wir frische Luft in Hülle und Fülle haben. Auch ein Gärtchen ist da, worin ich freilich nicht soviel zu schaffen finde wie Du in dem Deinigen, welcher wohl ein Park gegen unseren Garten sein mag. Unser Bekanntenkreis ist wesentlich derselbe wie der von Hurwitz. Burckhardt hat etwas anderen Verkehr, dadurch, dass ein Schwager von ihm Züricher ist. Seine Frau habe ich erst vor Kurzem kennen gelernt. Sie scheint viel Energie zu besitzen, die wohl schon mehr als lebendige Kraft wie als potentielle Energie für B. in Erscheinung tritt. — Vor der Mathematik wie den Mathematikern hat meine Frau den grössten Respekt und ist sehr dafür, dass ich recht fleissig bin. Von Hause kennt sie es nicht anders, als dass die Männer vom Morgen bis zum Abend arbeiten und keine Zeit zum Spazierengehen haben. Dass die Mathematiker nicht an ihre Studirstube gefesselt sind, war ihr neu und gewiss nicht unangenehm.

106

HURWITZ traf ich bei meiner Rückkehr bettlägerig an; er hat eine Magenverstimmung, die er bei seiner bekannten Vorsicht in der Weise behandelt, dass er nichts isst und sich allein von Mandelmilch nährt. Jetzt geht es ihm aber entschieden wieder so, dass ein anderer an seiner Stelle sich für gesund erklären würde. Immerhin hat er für die nächste Woche Urlaub genommen.

Deine Mittheilungen über Dein neues Reciprocitätsgesetz machen mich auf's Äusserste gespannt, und ich beglückwünsche Dich zu den weittragenden Resultaten, die Du gewonnen hast. Im Interesse des Fortschritts der Wissenschaft möchte ich Dich bitten, nicht etwa, wie es nach Deinen Äusserungen fast aussieht, die schönsten Dinge noch lange Zeit für Dich allein zu behalten, sondern Alles, was Du erreicht hast, gleich den Anderen preiszugeben, damit nicht wieder ein Zustand eintrete, wie er nach den ersten Publikationen von KRONECKER da war.

Für die Annalen werde ich Dir jedenfalls in kurzer Zeit eine Arbeit senden, entweder über die praktische Bestimmung der Fundamentaleinheiten in beliebigen kubischen Körpern oder über das alte Thema der positiven quadratischen Formen, in deren Theorie ich wieder etwas weiter gekommen bin. Mit der Geometrie der Zahlen hoffe ich bald zum Abschluss zu gelangen. Dafür, dass Du mir die erforderliche Erlaubniss zur Übersetzung meiner Göttinger Note ausgewirkt hast, danke ich Dir sehr; wann die Note in den Acta erscheint, kann ich nicht sagen. — Ich habe mich in der letzten Zeit wieder mit Verallgemeinerungen der Kettenbruchalgorithmen beschäftigt. Jeder Schritt erfordert dabei lange Rechnungen, zu denen die Resultate bisher nicht in entsprechendem Verhältniss stehen; nichtsdestoweniger vermag ich mich noch nicht von dem Gegenstande loszureissen. Im Hintergrunde verbergen sich da noch gewiss schöne Dinge. — Ich muss nun für dieses Mal schliessen.

Herzliche Grüsse von Haus zu Haus

Dein H. Minkowski

Zürich, den 20. Juli 1898

Lieber Freund,

Deine beiden Briefe habe ich mit grösstem Interesse gelesen und sage Dir für dieselben vielen Dank. Wir freuen uns ausserordentlich, dass Ihr unsere Einladung annehmt. Ihr seid uns im September ebenso willkommen, wie Ihr es uns

August Gutzmer

Waldemar Voigt

schon im August sein würdet, und wenn die Witterung günstig sein wird, wird auch dann noch Zürich einen guten Eindruck auf Euch machen. Nach Düsseldorf will ich ebenfalls kommen, und ich freue mich, Dich dort zu treffen.

Mein Aufsatz über e ist doch nicht fertig geworden, sodass ich die Publication auf eine andere Gelegenheit vertagen muss.

Du hast in Deinem ersten Briefe um meine Meinung gefragt, ob Du gut daran gethan hast, in Göttingen zu bleiben. Jedenfalls! wenn Du die Überzeugung hast, dort grössere Frische zum Arbeiten zu haben. Die jungen Mathematiker, die Anregung suchen, werden Dich dort ebenso zu finden wissen, wie in Leipzig. Nur wäre es von einem gewissen Werthe, wenn auch die Aussenstehenden sich gewöhnten, in Dir unseren derzeitigen ersten deutschen Mathematiker zu sehen, und das wäre bei räumlicher Trennung von KLEIN vielleicht rascher zu erreichen. — Die Leipziger Vakanz scheint, nach Briefen, die HURWITZ erhalten hat, die mathematische Welt noch sehr in Aufregung zu halten. Sogar LINDEMANN (oh heilige Quadratur des Zirkels) soll Stösse von Abhandlungen an NEUMANN und SCHEIBNER gesandt haben. Letztere sollen am liebsten, um Niemand zu bekommen, ENGEL haben wollen.

108

In dem Hülfssatz 30 Deiner Arbeit wird wohl die Forderung ausreichen, dass der betreffende Raum für $\tau = 0$ ganz im Endlichen liege. — Wirst Du auch Deine Resultate über die noch ausgeschlossenen Fälle von relativquadratischen Körpern bald publiciren? Ich will danach die quadratischen Formen mit beliebig vielen Variabeln in einem beliebigen Körper zu behandeln versuchen. — Das BACHMANN'sche Buch missfällt mir namentlich durch den Umstand, dass er trotz des grossen Umfanges die Beschränkung auf ungerade Determinanten einführt. — Für die Berechnung von Classenanzahlen sind die Grenzen am engsten, welche die Methode in § 42 S. 133 meines Buches ergiebt. Die besten Methoden zu jenem Ende werden freilich erst in dem zweiten Theile meines Buches enthalten sein. Ich selbst rechne jetzt viele Beispiele mit meinen neuen Algorithmen, und ich glaube, dass viel Licht namentlich für die Theorie der kubischen Körper von diesen neuen rechnerischen Hülfsmitteln ausgehen wird.

Wenn ich Dir die Correcturen Deiner Arbeit jetzt auch mit einiger Verzögerung zurücksende, werde ich die letzten Bogen doch schneller durchsehen, so dass im Ganzen keine Verzögerung entstehen wird.

Ich gebe nochmals unserer herzlichen Freude Ausdruck, Euch in den Ferien bei uns zu sehen, und bin mit besten Grüssen an Dich und Deine Frau von mir und meiner Frau

Dein

H. Minkowski

Zürich, Mittelstrasse 12, den 6. December 1898

Lieber Freund,

Deine Karte habe ich gestern erhalten. Du könntest meiner in dem betreffenden Aufsatze etwa so Erwähnung thun: Aus einem Satze von H. Minkowski über die eindeutige Bestimmung eines convexen Polyeders unter Verwendung der Inhalte der Seitenflächen (Nachr. d. K. Ges. d. Wiss. zu Göttingen, 1897 S. ... Lehrsatz II) folgt durch einen geeigneten Grenzübergang von Polyedern zu beliebigen convexen Körpern (nach einer mündlichen Mittheilung des Autors), dass, (oder anders zu fassen, je nach dem Text) wenn zwei geschlossene convexe Flä-

109

THOMAS JEAN STIELTJES   ARTHUR SCHOENFLIES

chen durchweg an den Stellen mit gleichgerichteten äusseren Normalen gleiches Krümmungsmaass besitzen, die beiden Flächen nothwendig durch Translation aus einander hervorgehen. — Hierbei könnte man vermeiden, eine Bedingung über die Beschaffenheit der GAUSSischen Krümmung (Stetigkeit oder dergl.) auszusprechen. Sonst wäre es, falls dies ausreicht, hübscher etwa zu sagen, dass zu einer als stetige und positive Function der Richtungscosinus der äusseren Normalen gegebenen GAUSSischen Krümmung stets eine bis auf Parallelverschiebungen völlig bestimmte geschlossene convexe Fläche gehört.

Dadurch, dass ich mir vorgenommen hatte, mit meinem ersten Briefe Dir eine schöne Arbeit zu senden, habe ich Deinen lieben Brief v. 16. Oct., mit dem wir uns sehr gefreut haben, noch bis heute nicht beantwortet. Die Tage Eures Besuches waren wirklich eine schöne und anregende Zeit für uns, und es ist jammerschade, dass eine solche Zusammenkunft sich nicht beliebig oft arrangiren lässt.

Zunächst sende ich Dir binnen Kurzem das „Kriterium für die algebraischen Zahlen", das ich noch vereinfacht habe, sodass die Bedeutung auch Jedermann einleuchten dürfte. Die Beweise habe ich vollständig dargestellt, ohne auf mein Buch oder auf den HURWITZschen Aufsatz zurückgehen zu müssen. Die Ausar-

110

beitung ist so ziemlich fertig, dass Du für die erste Sitzung nach den Ferien auf diese Note rechnen kannst. — Danach sollen die geometrischen Dinge herankommen. Im Übrigen habe ich mich in der letzten Zeit hauptsächlich mit mathematischer Physik, speciell Thermodynamik abgegeben, worüber ich im Sommer lesen will. Ich habe jüngstens mit SOMMERFELD correspondirt und ihn auf meine alte Arbeit über die Bewegung eines festen Körpers aufmerksam gemacht. Er war von der Arbeit sehr erbaut. Es steht darin noch mancherlei, was KLEIN und SOMMERFELD jedenfalls in ihr Buch aufgenommen hätten, wenn sie es vorher gelesen hätten. Hat nicht vielleicht KLEIN jetzt einmal davon Notiz genommen? Da er in dem Kreiselbuch so manche englische und französische Arbeiten entdeckt hat, hätte er auch schon von meiner Arbeit Notiz nehmen dürfen.

HURWITZ klagt seit der Zeit Eures Besuches noch immerfort. Unmittelbar danach lag er zwei Wochen zu Bett und hat auch erst einige Wochen nach Beginn des Semesters seine Vorlesungen ganz aufgenommen. Der Arzt kann nichts Bestimmtes nachweisen und räth ihm, da er immer sich ungemüthlich zu fühlen behauptet, während der Ferien nach Italien zu gehen. Das Sprechen im Freien vermeidet HURWITZ ganz, so dass ich auch seit Oktober noch keinen Spaziergang mit ihm gemacht habe. Das Colloquium haben wir auch noch nicht aufgenommen und hatte ich statt dessen ein Seminar nur mit Studenten. BURKHARDT sehe ich dadurch auch fast gar nicht, und höre so nur noch wenig von der reinen Mathematik, kenne aber dafür die Gastheorie bald in- und auswendig.

Meine Frau und Tochter sind gleich mir sehr vergnügt, meine Tochter ist bald ein grosses Mädchen mit mancherlei Kenntnissen. Ich schreibe bald wieder bei Gelegenheit der Zusendung meiner Arbeit und schliesse für heute mit herzlichen Grüssen von meiner Frau und mir an Deine Frau und Dich und Franz

(Der Brief ist nicht unterschrieben.)

Zürich, den 11. Februar 1899

Lieber Freund!

Wie Du es an mir bereits gewöhnt bist, habe ich wieder über Erwarten lange gebraucht, bis mein Aufsatz mir in druckfertigen Zustande zu sein schien. Wegen der Länge, die er annahm, konnte ich Dir für die Göttinger Nachrichten nur den

Beweis des einfachsten allgemeinen Theorems senden. Es that mir namentlich leid, dass ich den bereits völlig ausgearbeiteten Beweis, dass man nun für complexe Grössen, die einer cubischen Gleichung genügen, einen in jeder Hinsicht den Kettenbrüchen für reelle quadratische Irrationalzahlen analogen periodischen Algorithmus findet, unterdrücken musste. Dadurch, dass ich die Verzögerung hätte entschuldigen müssen, bin ich auch so schreibfaul gewesen.

Deinen Brief im Januar sowie Deine Karte mit Litteraturnachweisen habe ich erhalten und sage Dir vielen Dank dafür. Erst jetzt komme ich dazu nachzusehen, ob und wie von den angeführten Autoren die betreffenden Fragen wirklich erledigt sind. Der LIEBMANN'sche Aufsatz ist ganz nett; aber ist damit schon gezeigt, dass es unter allen convexen geschlossenen Flächen keine ausser der Kugel giebt, welche in beliebigen Partieen stets dieselben Totalkrümmungen wie eine Kugel hat? Ich glaube, auf diesem ganzen Gebiet ist noch mancherlei zu erledigen, und ich will mich jetzt eifrig daran machen.

In Deiner Karte finde ich noch eine Anfrage über die Körper grösster Attraction. Den betreffenden Satz von GAUSS kenne ich nur aus einem Beispiel in der Variationsrechnung von MOIGNO - LINDELÖF. Ich habe hier eine Preisaufgabe gestellt, den Körper grösster Anziehung in Bezug auf ein dreiaxiges Ellipsoid zu bestimmen. Das mit der Bonner Dissertation ist eine Verwechslung.

HURWITZ ist wieder ganz auf Deck. Durch die Dissertation von SCHAPER angeregt, hat er ausserordentliche Vereinfachungen in den Beweisen der HADAMARDschen Sätze und mancherlei Verallgemeinerungen erzielt. Das gute Wetter und diese Funde machen ihn jetzt viel aufgeräumter.

Mit der Berufung von SCHOENFLIES habe ich mich für ihn recht gefreut. Dadurch, dass ich damals nach Zürich ging, ist doch recht viel Leben in die Mathematiker gekommen.

Deine und Deiner Frau gute Wünsche zum neuen Jahre haben wir in Gedanken sofort auf's wärmste erwidert, wenn ich dies auch jetzt erst zum Ausdruck bringe.

Auf das in Aussicht gestellte Schreiben Deiner lieben Frau und namentlich auch auf Franzens Bild haben wir immer gewartet und hoffen nach dieser Constatirung sie wirklich jetzt zu erhalten.

Mit BURKHARDT und Frau waren wir gestern Abend bei RUDIOS zusammen. Er hat in verheirathetem Zustande doch viel gewonnen und ist jetzt recht umgänglich. Sein Buch über elliptische Functionen ist nun auch fertig.

Sonst beschäftige ich mich noch viel mit Anwendungen. Von der Thermodynamik bin ich auf Chemie gekommen. Ich denke immer, eines Tages KLEIN
gegen seine vielen Angreifer in der Weise beizuspringen, dass ich zeige, dass die
Mathematiker auch wirklich etwas für die Praxis leisten können, und zwar bes-
seres als die Bewegungen des Kreisels festzustellen.

In Erwartung guter Nachrichten von Euch bin ich mit herzlichen Grüssen von
mir und meiner Frau

Dein H. Minkowski

Lily ist immer sehr vergnügt und wiegt 19 Pfund.

Zürich, den 20. Februar 1899

Lieber Freund,

Ich bemerke, dass eine Überlegung in dem Dir übersandten Aufsatze wesentlich vereinfacht werden kann. Da die betreffende Partie vielleicht noch nicht gedruckt ist, so schicke ich Dir anbei die in Aussicht genommene Änderung, und
möchte Dich bitten, sie der Druckerei zuzustellen. Entschuldige diese Bemühung.

Dass zu einer gegebenen Vertheilung des GAUSSischen Krümmungsmaasses
jedenfalls nicht mehr als eine geschlossene convexe Fläche gehören kann, folgt
fast unmittelbar aus den Sätzen in meiner Note „Lehrsätze über die convexen
Polyeder", und damit geht dann der LIEBMANN'sche Satz bereits hervor.

Meine Frau hat sich mit dem heute von Deiner Frau erhaltenen Briefe sehr
gefreut und wird ihn bald erwidern. Ohne Euch schmeicheln zu wollen, constatiren wir beide, dass Franz wirklich ein sehr hübscher Junge ist.

Mit herzlichem Gruss von Haus zu Haus

Dein

H. Minkowski

KARL SCHWARZSCHILD

JACQUES HADAMARD

Zürich, den 9. März 1899

Lieber Freund,

Deinen Brief habe ich soeben mit Vergnügen erhalten und antworte Dir sofort in Bezug auf unsere Begegnung. Meine Frau und Tochter reisen nächsten Dienstag nach Strassburg. Ich will sie bis Basel begleiten und Nachmittags hierher zurückkehren, dann bleibe ich noch bis Freitag Abend hier. Sonnabend muss ich meiner Frau zu einer Hochzeit folgen. Schade, dass ich die sehr erwünschte Gelegenheit zu einer Absage, die ich nun gefunden hätte, nicht schon vor mehreren Tagen besass. Ich bin nun noch gar nicht über den Tag, an dem Du kommen kannst, unterrichtet. Ist es Dir möglich, zwischen Dienstag und Freitag hier zu weilen, so würde ich mich ausserordentlich freuen. Tretet Ihr Eure Reise aber erst später an, so bitte ich und meine Frau mit mir dringend, dass Ihr sie so disponirt, dass Ihr am Schlusse derselben noch mehrere Tage hier weilt. Eventuell bei geeignetem Wetter (Anfang April ist es unter Umständen schon sehr schön in der Schweiz) können wir dann noch irgend eine Höhe gemeinsam erklimmen.

Meine Correcturen habe ich dieser Tage erhalten. Die neuangeschaffte Partie j's wird hoffentlich noch manchem Mathematiker, der dem i aus dem Wege gehen will, zu Statten kommen, und ich will mich bemühen, dafür Propaganda zu machen.

KLEIN wird hier die ersten Tage incognito als Encyclopädiedirigent weilen. Die übrige Menschheit bekommt ihn erst Samstag zu Gesicht.

Hoffentlich erhalte ich nun die Antwort von Dir, dass ich Dich sowohl in nächster Woche wie auf der Rückreise sehe.

Mit herzlichen Grüssen an Dich und Deine Frau

Dein

H. Minkowski

(Postkarte)   Zürich, d. 11. Mai 1899

Lieber Freund! Deinen Brief habe ich Montag erhalten. Beim Wiederdurchlesen bemerke ich, daß Ende nächster Woche wohl Ende dieser bedeutet. Ich habe über L. sowie H. und P. Erkundigungen eingezogen, jedoch noch nicht die Antwort. L. ist sicher Franzose, sein Vater ist Direktor irgend einer grossen Eisenbahngesellschaft in Paris, er selbst war französischer Gesandtschaftsattache in Newyork. HURWITZ, den ich sprach, gönnt L. sehr die Ehre, befürchtet aber, daß an manchen Orten über seine Ehrung gespottet werden würde. Über P. kann ich nicht viel urtheilen, ich kenne eigentlich nur seine Mechanik, die ich für die Vorles. benutzte; auch HURWITZ getraut sich über ihn kein Urtheil zu; dagegen meinen wir beide, wenn auf ihn die Wahl fallen sollte, so könnte mit demselben Recht etwa GOURSAT oder APPELL oder sonst wer ausgezeichnet werden. Hingegen hat H. doch sehr originelle Leistungen aufzuweisen, die eben auch in besonderer Weise gelohnt werden können. Von H. war ja letzthin im großen Proceß seines entfernten Verwandten DREYF. die Rede. Franzose ist er jetzt jedenfalls. Ich schreibe etwas in Eile an der Bahn. Morgen sende ich die Correctur zurück und berichte dann noch ausführlicher. Herzlichen Gruß an Dich und Deine Frau

Dein

H. Minkowski

Zürich, den 5. Juni 1899

Lieber Freund!

Zunächst wiederhole ich Dir und Deiner Frau meinen Dank für Eure herzliche Einladung, Euch in nächster Woche zu besuchen. Ich komme nun, wenn nicht Unvorhergesehenes dazwischenkommen sollte, bestimmt, bin auch sogar vom Schulrathspräsident als Vertreter der Lehrerschaft des Polytechnikums bei der Feier bezeichnet. Was mein Eintreffen anbelangt, so muß ich zunächst Dienstag 7 Uhr hier wieder lesen, und weil die Züge nicht günstig liegen, deshalb Sonntag Abend von Göttingen wieder aufbrechen. Ich will deshalb, wenn es Euch im Übrigen paßt, schon Freitag Vormittag einzutreffen suchen. Freilich liegen wieder die Züge so, daß dieses nicht leicht zu machen sein wird. Ich behalte mir daher noch vor, die Stunde meiner Ankunft auf der Bahn resp. bei Euch unter der ausdrücklichen Forderung, von meinem Eintreffen mit der Bahn keine Notiz zu nehmen, noch nach dem Studium eines neueren Fahrplans als ich ihn habe, mitzutheilen. Vielleicht schreibst Du mir auch noch, zu welchen Stunden Du event. Freitag Vorlesung hast.

Soeben habe ich den letzten Bogen der Correctur Deiner Festschrift Dir zurückgesandt. Dein Aufsatz hat mir wirklich sehr gefallen und wird gewiß auch allgemein bei den Mathematikern Anklang finden. Man merkt ihm auch in keiner Weise an, daß Du daran zuletzt so schnell arbeiten mußtest, und nach mehrjährigem Durcharbeiten wäre er gewiß nicht so frisch herausgekommen. Daß das Euklidische Axiom über die rechten Winkel beseitigt ist, wird besonders auffallen, doch glaube ich noch, daß dies im Grunde mit einer etwas anderen Einführung der Winkel zusammenhängen wird.

Da wir uns nun bald sprechen, so schließe ich.

Mit herzlichen Grüßen an Dich und Deine Frau von meiner Frau und Deinem

H. Minkowski

Zürich, den 24. Juni 1899

Lieber Freund,

Die schönen Tage in Göttingen kommen mir, nachdem ich in die Züricher Wirklichkeit zurückgekehrt bin, heute wie ein Traum vor; doch ist an ihrer Existenz wohl ebenso wenig zu zweifeln wie an der Deiner $18 = 17 + 1$ Axiome der Arithmetik. Ich habe mich in Eurem gemüthlichen Hause ausserordentlich wohl gefühlt, und immer von Neuem berichte ich hier mit Vergnügen über die angeregte Zeit, die ich dort verbracht habe. Dir und Deiner Frau möchte ich noch einmal herzlich für die liebenswürdige und gastfreie Aufnahme, die Ihr mir habt zu Theil werden lassen, danken.

Wer diese Tage in Göttingen verlebt hat, wird nicht genug staunen können, wie viel Leben in dem Göttinger mathematischen Kreise herrscht, und zur Zeit ist das ausschliesslich Dein Verdienst. Durch einen Aufenthalt in solcher Luft bekommt man selbst einen erhöhten Thatendrang und einen Impuls zu intensiverem Schaffen. Ich bin dadurch auch schon energisch für die Mathematischen Annalen an der Arbeit. Hoffentlich ist der Anstoss von recht langer Nachwirkung, wenigstens bis zu dem neuen Maximum an wissenschaftlicher Aussprache in München.

Der Kugelnsatz in Dimensionen lautet, wie ich mich überzeugt habe, thatsächlich folgendermassen: Man kann den unendlichen Raum von n Dimensionen so mit n-dimensionalen Kugeln von irgend einem festen Radius erfüllen, dass, wenn man aus diesem Raume einen Würfel mit beliebiger Kante k an gehöriger Stelle ausschneidet, der darin von den Kugeln besetzte Raum an Volumen einem Würfel von einer Kante $> \frac{1}{2} k$ gleichkommt. Trotz der Einfachheit dieses Satzes ist es vorderhand ein wirkliches Problem, ihn zu beweisen.

Hurwitz ist wieder recht frisch, er steckt ganz in Quaternionentheorie. Dieser Tage hatte ich wieder Veranlassung, in Deinem Bericht über die algebr. Zahlkörper zu lesen. Ich würde für eine Neubearbeitung der ersten Kapitel sein. Das Princip des „Vorzugs der schärferen und weiter tragenden Hülfsmittel" verlangt entschieden, den Satz von der Endlichkeit der Anzahl der Idealklassen voranzustellen.

Für meine Erlebnisse und Erfahrungen in Göttingen zeigen alle Collegen grösstes Interesse. Geiser erinnerte mich heute wieder an die Festschrift. Ich erlaube mir deshalb zu constatiren, dass das von Brendel mir zugesagte Exemplar vorläufig nicht eingetroffen ist. Vielleicht aber ist es bereits unterwegs.

Dass ich von Franz keinen rechten Abschied genommen habe, hat mich noch auf dem ganzen Rückweg geschmerzt. Hoffentlich behält er mich trotzdem lieb.

Mit herzlichen Grüssen an Dich und Deine Frau bin ich

Dein

H. Minkowski

Zürich, Mittelstrasse 12. den 30. December 1899

Lieber Freund,

Vor einer Weile habe ich die angekündigte Arbeit an Dich abgesandt, betitelt: Über die Annäherung an eine reelle Grösse durch rationale Zahlen. Zunächst muss ich bemerken, dass es durchaus nicht der Aufsatz über Kettenbrüche ist, von dem ich Dir einmal in München sprach und den Du damals quasi refusirt hast. Im Gegentheil habe ich das Hauptresultat erst kürzlich gefunden, und da es mich sowohl wie HURWITZ recht überrascht hat, biete ich Dir den Aufsatz für die Annalen an. Ich vergass eine Anmerkung, die vielleicht die Leser am meisten reizen wird und die ich hier beilege mit der Bitte, sie meinem Manuscript einzuverleiben. Soweit die von mir ausgesprochenen Sätze auch in meinem Buche vorkommen werden, sind sie dort ganz anders dargestellt, namentlich mit wesentlich anderen Beweisen. Ich glaube, dass Dir der Aufsatz bei näherer Lectüre gut gefallen wird, wenn Du Dich durch das Wort Kettenbrüche, die mir auch meist ein Greuel waren, nicht vorweg einnehmen lässt.

Bald nach Neujahr will ich Dir einen Aufsatz für die Göttinger Nachrichten zahlentheoretischen Inhalts zugehen lassen. Hast Du die DEDEKIND'sche Arbeit studirt. Ich fand noch keinen geeigneten Moment dafür.

Dass ich nun doch in den Vorstand der Vereinigung hineingekommen bin, ist eine merkwürdige Ironie des Schicksals.

In diesem Momente erhalte ich gerade Deinen Brief, mit dem ich mich sehr gefreut habe. Eure freundlichen Neujahswünsche erwidern meine Frau und ich auf's herzlichste. Möge Euch das neue Jahrhundert viel Glück und Ruhm bringen und sich die Mathematik im neuen Jahrhundert durch Dich noch mehr ihrer tiefsten Geheimnisse beraubt sehen, als es schon im vorigen der Fall war. Euer Franz aber möge ein so ausgezeichneter und lieber Jüngling werden, dass die Zahl Deiner Schwiegertochterskandidatinnen in's Ungemessene steige.

Die Erzählung über KLEIN ist wirklich zu amüsant. Zu Deinen Plänen für eine Rede in Paris kann ich noch keine Meinung äussern, ich will mir die Sache noch überlegen und Dir bald darüber schreiben.

HURWITZ bekomme ich jetzt nicht zu sehen. Seit Anfang voriger Woche liegt er zu Bett an einer Art Influenza und soll Niemand sprechen. Ich weiss nur, dass es seine Absicht war, an Dich zu Neujahr ausführlich zu schreiben, doch kann er dies jetzt jedenfalls nicht.

118

Auf die gemeinsamen Unternehmungen in den Osterferien freuen wir uns schon sehr. Der Gardasee ist zu längerem Aufenthalt wohl nicht geeignet. In Riva ist es zwar sehr schön, obwohl die Hoteliers geriebene Gauner sind. Die Ufer des Sees sind aber so jäh und steil, dass ich mir nicht vorstellen kann, dass man dort viel Abwechslung in kleineren Spaziergängen hat. In Bellagio fanden wir uns weit schöner. Lugano soll besonders reich an Spaziergängen sein. Uns würde am meisten wohl der Genfer See passen, weil auch meine Schwiegermutter dort weilen wird und unsere Tochter in Obhut nehmen würde. Doch glaube ich, dass man am besten thut, abzuwarten, wie sich die Witterung anlassen wird. Platz findet man ja überall; wo es voll ist, hilft meistens keine vorherige Bestellung, sondern nur persönliches Auftauchen. Vielleicht setzt Du Dich erst mit VOLTERRA in Verbindung, seine Meinung zu hören.

Wenn SOMMERFELD in Göttingen ist, bitte ich ihn zu grüssen; ich sitze schon eifrig an meinem Encyclopädieartikel. Wenn Du mir vielleicht auf einer Karte schreiben willst, ob Dir mein Aufsatz für die Annalen passt, wäre ich Dir verbunden. Sonst würde ich ihn an PRINGSHEIM oder MITTAG-LEFFLER geben.

Ich hoffe, Dir auf Deinen Brief bald zu erwidern. Einstweilen herzliche Grüsse von meiner Frau und mir an Deine Frau und Dich

Dein

H. Minkowski

Zürich, Mittelstrasse 12, den 5. Januar 1900

Lieber Freund,

Die Züricher Rede von POINCARÉ habe ich wieder durchgelesen. Ich finde, dass man alle seine Behauptungen bei der milden Form, in der sie gehalten sind, gut unterschreiben kann. Er wird ja auch der reinen Mathematik völlig gerecht. Eine Rede zu ganz ausschliesslichem Lobe der reinen Mathematik will mir daher nicht recht einleuchten. Übrigens werden nur wenige noch wissen, was POINCARÉ damals gesagt hat. Da POINCARÉ damals nicht selbst anwesend war und die Rede verlesen wurde, war der Eindruck lange nicht ein solcher, wie z. B. bei BOLTZMANN in München. — Am anziehendsten würde der Versuch eines Vorblicks auf

HERMANN STRUWE

HERMANN AMANDUS SCHWARZ

die Zukunft sein, also eine Bezeichnung der Probleme, an welche sich die künftigen Mathematiker machen sollten. Hier könntest Du unter Umständen erreichen, dass man von Deiner Rede noch nach Jahrzehnten spricht. Doch ist das Prophezeihen natürlich eine schwierige Sache. Du wirst Dich vielleicht auch scheuen, manche Ideen, die Du Dir über die künftige Behandlung von Problemen gemacht hast, preiszugeben. Themata mehr philosophischer Natur sind vielleicht besser für ein deutsches Publikum, als das internationale geeignet. Einen Rückblick und Ausblick wird wahrscheinlich auch ein französischer Mathematiker geben, der wohl als der erste zu Worte kommen wird. Darüber solltest Du Dich irgendwie vergewissern. Da es doch Fachleute sind, vor denen man spricht, finde ich eine Rede wie die HURWITZsche, die damals auch sehr gut gefiel, mit bestimmten Thatsachen besser am Platze als eine blosse Causerie, wie es die POINCARÉ'sche ist. Von Reden, die Dich interessiren könnten, fällt mir nur die von HENRY JOHN STEPHEN SMITH „On the Present State and Prospects of Some Branches of Pure Mathematics" in seinen Werken, Bd. II, S. 166 ein. Vielleicht könnte Dir auch die Rede von HERMITE bei Einweihung der neuen Sorbonne im Bulletin der Sciences math., 2e série, t. XIV, janvier 1890 irgendwie zu Statten kommen.

120

Hurwitz habe ich immer noch nicht sprechen können, er liegt noch zu Bett, es geht ihm aber etwas besser, Fieber hat er nicht mehr. Doch hat er vorläufig auf unbestimmte Zeit Urlaub genommen. Frau Hurwitz meint, dass der Arzt ihm überhaupt das Lesen in diesem Semester verbieten wird und ihn vielleicht in ein milderes Klima schicken wird. Erholt er sich dann rasch, so könnte er wohl in den Osterferien mit uns zusammen sein.

Pringsheim und Mittag-Leffler neulich waren nicht als Drohung aufzufassen. Ich hatte es Dir wirklich ganz anheimstellen wollen, ob Dir das Thema der Kettenbrüche nicht zu abgedroschen erschien; mit den Beiden hatte ich früher schon über die betreffenden Fragen gesprochen und sie dafür interessirt gefunden.

An einer Stelle meines Aufsatzes möchte ich noch einen kleinen Zusatz machen, den ich hier beilege. Zur Verbilligung der späteren Correctur habe ich auf dem Blatte auch einige Verbesserungen angegeben.

Ich bin gespannt, zu welchem Thema Du Dich zuletzt entschliessen wirst. Es kommt zwar nicht so auf das Thema, wie auf die Ausführung an, immerhin kann man durch die Fassung des Themas bewirken, dass sich die doppelte Zuhörerzahl einstellt.

Mit herzlichem Grusse von Haus zu Haus

Dein

H. Minkowski

Zürich, Mittelstrasse 12, den 25. 2. 1900.

Lieber Freund,

Anbei übersende ich Dir einen kleinen Aufsatz über Einheiten. Ich glaube mich dunkel zu erinnern, dass wir über den darin bewiesenen Satz vor Jahren einmal gesprochen haben. Vielleicht hast Du Anwendungen des Satzes, der jedenfalls manche Anwendungen zulassen wird, bereit und bist Du in der Lage, einen Nachtrag zu der Arbeit zu liefern, was mich sehr freuen würde. Wenn Dich der Aufsatz interessirt, möchte ich Dich bitten, ihn vielleicht der Göttinger Gesellschaft vorzulegen.

ALFRED PRINGSHEIM

VITO VOLTERRA

Wieso hört man Nichts von Euch. Mein letzter Brief enthielt freilich nicht viel mehr als den Rath, wenn Du eine schöne Rede halten wirst, so wird es sehr schön sein. Es war aber auch nicht leicht, einen guten Rath zu geben.

Wie steht es denn mit Euren Reiseplänen. Ihr habt doch bald Ferien. Hier gehen die Vorlesungen noch bis zum 17. März fort. Wenn Ihr vielleicht schon früher von Göttingen abreisen wollt, würden wir, meine Frau und ich, uns sehr freuen, wenn Ihr Lust hättet, einige Zeit bei uns hier in Zürich zu bleiben. Augenblicklich ist es hier wunderschön, reiner Frühling.

HURWITZ hat mir viele Grüsse für Dich aufgetragen. Du möchtest entschuldigen, dass er Deinen Brief noch nicht beantwortet hat. Er hat nach den Ferien nicht gelesen, ist aber jetzt völlig hergestellt. Nachträglich ist sein Leiden als eine Lungenentzündung erkannt. Morgen will er in Gesellschaft seines ältesten Bruders nach Cannes reisen, um dort 4—6 Wochen zu verweilen.

Ich hoffe, von Dir bald ein Lebenszeichen zu haben, und bin mit herzlichen Grüssen, auch von meiner Frau, an Dich und Deine Frau

Dein   H. Minkowski

Zürich, den 9. März 1900.

Lieber Freund,

Mit Deinem Briefe habe ich mich sehr gefreut. Erst jetzt sind wir allmählich über unsere Reise klar geworden. Eine Hauptschwierigkeit war für uns, wo wir während unserer Abwesenheit unsere Tochter lassen. Wir haben keinen anderen Ausweg, als sie nach Strassburg zu bringen. Von dort wollen wir am 25. März abreisen und gegen den 10ten April wieder nach Hause kommen. Die Vorlesungen beginnen schon wieder am 17ten, die meinigen allerdings einige Tage später. Wenn Ihr ebenfalls schon früher reisen könntet, wäre uns dies sehr lieb, sonst könnten wir eben nur kürzere Zeit zusammen sein. Nach dem Gardasee möchten wir nicht hin, die Reise dorthin von hier ist ziemlich umständlich, auch kennen wir den See ziemlich. Vielleicht verlegt Ihr den Besuch dieser Gegend auf das Ende Eurer Reise, und bringt den ersten Theil mit uns am Luganer, Lago Maggiore oder Genfer See zu. Lugano soll ganz besonders durch die Menge von Spaziergängen und Ausflügen, die man von dort aus machen kann, ausgezeichnet sein. Ferner ist uns Locarno und Villa Badia am Lago Maggiore sehr empfohlen worden. Wir nehmen wahrscheinlich ein Abonnement, worauf man 30 Tage beliebig in der ganzen Schweiz herumreisen kann und kommt es uns dann nicht so darauf an, an welchen Ort wir gehen. Am liebsten wäre es uns, Ihr könntet auch schon am 24 oder 25ten reisen. Dann schliessen wir uns Euch, wenn Ihr über Frankfurt kommt, in der Gegend von Strassburg an, sonst fahren wir zunächst nach Lugano. —

Hier bin ich gestern durch Herrn MÜLLER aus Göttingen unterbrochen, der mir Grüsse von Dir überbrachte. Er gefiel mir recht gut. Amüsirt hat mich sehr, wie er in seiner Ausdrucksweise bei mathematischen Dingen ganz und gar durch seinen Lehrer und Meister beeinflusst ist, so dass man glauben könnte, diesen sprechen zu hören.

Abends in Gesellschaft wurde uns wieder sehr die Villa Badia am Lago Maggiore empfohlen. Es ist das eine kleinere, ganz für sich und sehr schön gelegene Pension in der Nähe von Locarno, wo nicht für mehr als 30 Leute Platz ist, auch der Preis ein recht niedriger ist. Der hiesige Chemiker mit Frau, die Gutes zu würdigen wissen, gehen jetzt dorthin, um später nach Venedig zu reisen, was Ihr ja dann auch leicht in Euer Reiseprogramm aufnehmen könnt.

123

Ich habe jüngst recht hübsche Sätze über Theilung des n-dimensionalen Raumes gefunden, durch welche ich auch auf meine neuliche Note über GALOIS'sche Körper geführt wurde. Es handelt sich um die Bestimmung der von mir als Restbereiche bezeichneten Körper, welche das Analogon zu dem Intervall $-\tfrac{1}{2} < x \leq \tfrac{1}{2}$ in einer Dimension sind.

So gilt folgender Satz: „Ist $\sum\limits_{1}^{n} a_{hk}\, x_h\, x_k = f(x_1, x_2, \ldots x_n)$ eine quadratische Form, sodass stets $a_{hk} < 0$, $h \gtreqless k$ und

$$a_{h1} + a_{h2} + \ldots + a_{hn} > 0 \quad (h = 1, 2, \ldots n)$$

ist, so giebt es zu jedem System von n beliebigen reellen Grössen $x_1, x_2, \ldots x_n$ stets ein und nur ein System von ganzen Zahlen $m_1, m_2, \ldots m_n$, wofür die Differenzen

$$x_1 - m_1 = u_1, \quad x_2 - m_2 = u_2, \ldots x_n - m_n = u_n$$

die folgenden $2\,(2^n - 1)$ Ungleichungen erfüllen

$$-\frac{1}{2} f(\varepsilon_1, \varepsilon_2, \ldots \varepsilon_n) < \sum\limits_{h,k}^{1,n} a_{hk}\, u_h\, \varepsilon_k \leq \frac{1}{2} f(\varepsilon_1, \varepsilon_2, \ldots \varepsilon_n) \begin{pmatrix} \varepsilon_h = 0, 1; \; h = 1, 2 \ldots n \\ \text{mit Ausnahme von} \\ \varepsilon_1 = 0, \varepsilon_2 = 0, \ldots \varepsilon_n = 0 \end{pmatrix}$$

Über diese und manche andere Dinge können wir uns hoffentlich bald mündlich unterhalten.

Schreibe mir nun bald, ob Ihr schon früher reisen könnt und ob Ihr mit Villa Badia oder mit Lugano einverstanden seid.

Herzliche Grüsse an Dich und Deine Frau von mir und meiner Frau

Dein   H. Minkowski

(Postkarte)   Zürich, Mittelstr. 12, den 18. März 1900

Lieber Freund! Deine Karte habe ich erhalten. Da Ihr erst später reisen wollt, so werden auch wir unsere Reise etwas verschieben. Ich muß aber am 18. wieder hier sein. HURWITZ fängt sogar schon am 17ten (Dienstag nach Ostern) wieder an. Wenn wir erst im April reisen sollten, so würde die Erholungsreise für uns zu kurz werden. Ich denke also, daß wir gegen den $29.^{\text{ten}}$ nach Lugano gehen. Wie SCHÖNFLIESS uns sagte, erwägt Ihr immer noch nach Montreux zu fahren; er wollte uns von Lugano schreiben, wie er es dort findet und ob Montreux oder

Lugano vorzuziehen sei. Bisher haben wir von ihm noch Nichts erhalten. Vom 22.ten an bin ich in Straßburg (Blauwolkengasse 15). Wenn Ihr uns nicht noch die Direktive Montreux ertheilt, reisen wir am 29.ten nach Lugano und erwarten Euch an dem Tage, zu dem Ihr Euch anmeldet.

Herzliche Grüße von Haus zu Haus

Dein

H. Minkowski

(Postkarte)Zürich, den 22. III. 1900

Lieber Freund, Da Ihr nun ziemlich gleichzeitig mit uns reist, so will ich nur noch sagen, dass wir unser Billet Bellinzona–Locarno–Luino–Lugano genommen haben, um uns zuerst den Lago Maggiore, den wir noch nicht kennen, etwas anzusehen. Dieser Weg empfiehlt sich, wenn man die beiden Seen besuchen will. Wenn Ihr am 31. reist, so werden wir uns wahrscheinlich auf dem Luzerner Bahnhof begegnen. Die Strassburger Adresse lautet französisch: Rue des nuages bleus 15. Wir stehen unmittelbar vor der Abreise.

Mit herzlichem Gruss von Haus zu Haus

Dein

H. Minkowski

(Postkarte)Strassburg, d. 24. III. 1900

Lieber Freund, Wir haben aus Gründen, die mit unseren Verwandten zusammenhängen, unsere Abreise von hier auf Mittwoch Vormittag festsetzen müssen. Wir sind dann Abends in Locarno, Grand Hotel. Es wäre vielleicht gut, damit wir uns leicht treffen, wenn wir bis dahin über Eure Reisedispositionen Bescheid wüssten. In Lugano wurde uns von allen Seiten als das angenehmste (und

RICHARD DEDEKIND

FERDINAND RUDIO

auch nicht theure) Hotel das Hotel Reichmann in Paradiso empfohlen. In der Nähe des Bahnhofs, der sehr weit vom Orte liegt, zu wohnen ist nicht rathsam; die dort gelegenen Hotels werden nur von Passanten aufgesucht.

Herzliche Grüsse, auch von meiner Frau,

Dein Hilbert *)

Zürich, den 22. Juni 1900

Lieber Freund,

Schon seit vielen Wochen habe ich vor, an Dich zu schreiben. Der Mangel an Neuigkeiten hat mich hauptsächlich davon abgehalten. Doch will ich eben versuchen, solche von Dir zu extrahiren. Das Programm des Pariser Congresses ohne Deinen Vortrag war für mich eine grosse Enttäuschung. Ich vermuthe, dass

---

*) *In der Eile Unterschrift „HILBERT" an Stelle von „MINKOWSKI".*

126

Du doch wohl für die Section etwas darbieten wirst. Fast ist mir überhaupt die Lust, zum Congress hinzugehen, vergangen. Von hier aus wird die Betheiligung fast Null sein. Man wird zum grössten Theile dort französische Schullehrer und exotische Mathematiker, Spanier, Griechen etc. sehen, denen es im August in Paris noch kühl gegen ihre Heimath vorkommt. Auch wird der Zusammenhalt wohl durch die sonstigen Genüsse, die Paris bietet, sehr gestört sein. Wir haben schon sehr den Gedanken erwogen, den Congress sein zu lassen. Weisst Du irgendwie Näheres über die Betheiligung von deutschen Mathematikern und hältst Du es mit Rücksicht auf die Mathematiker Vereinigung für nothwendig, dass ich hingehe?

Ich habe seit unserer Trennung eifrig an meiner zweiten Lieferung weitergearbeitet. Im völlig fertigen Zustande gefällt mir Manches ganz gut. Ich glaube, das Rechnen mit den neuen Algorithmen, die ich auseinandersetze, wird manchen Liebhaber, wenn auch vielleicht nicht gerade unter den Ersten in der Mathematik finden. — Auch mein Bericht für die Encyclopädie hat mich beschäftigt, doch habe ich bisher mehr Fragen dabei erhalten, als Antworten.

Mit dem mathematischen Verkehr hier sieht es augenblicklich etwas traurig aus. Hurwitz ist mit Familie in eine Pension auf den Zürichberg gezogen und sind wir fast eine Stunde Weges getrennt. Hirsch hat zuviel mit seiner Assistentthätigkeit zu schaffen. Die Übrigen kommen nicht viel in Betracht. Burkhardt hat durch die Encyclopädie niemals Zeit, auch liegt seine Frau nach einer schweren Operation in der Klinik und bringt er seine freie Zeit dort zu.

Dass ich Nichts mitzutheilen hätte, sagte ich schon von vornherein. Nun bin ich aber gespannt, was sich in Eurer Welt alles zugetragen hat.

Herzliche Grüsse an Dich, Deine Frau und Euren Franz

Dein
H. Minkowski

Zürich, den 10. Juli 1900

Lieber Freund,

Durch allerhand Umstände hat sich die Beantwortung Deines Briefes, mit dem ich mich sehr freute, etwas hinausgezogen. Empfange zunächst meine herz-

127

lichsten Glückwünsche zu der von der Berliner Akademie erhaltenen Anerkennung. Zu Deinen Resultaten über die Axiome der Geometrie habe ich Dich ja längst beglückwünscht. Dass so zurückhaltende Leute wie die Berliner in das allgemeine Urtheil miteinstimmen, ist eine ebenso angenehme wie verheissungsvolle Erscheinung. — Deine Anfrage über PICARD und POINCARÉ hat ja wohl schon HURWITZ beantwortet.

Von bestimmteren (?) Problemen der mathematischen Physik, die weder zu speciellen noch zu allgemeinen Charakter tragen, wäre vielleicht zu nennen die Auffindung mechanischer Analogien zur Wirkungsweise der Kräfte im Äther und weiter der chemischen Affinitätskräfte. Vielleicht siehst Du Dir daraufhin in der Gastheorie von BOLTZMANN die Stellen: Bd. I § 1. Einleitung, S. 4. 5. Bd. II. Schluss des § 70. S. 206., S. 212 Mitte der Seite, § 88—90 an. Irgend welche Bemerkungen, die Du verwenden können wirst, werden Dir dort gewiss auffallen. Ich glaube, dass wirklich auf dem von BOLTZMANN berührten Gebiete manche interessanten und für die Physik sehr nützlichen mathematischen Fragen sich finden werden. Vielleicht hörst Du darüber die Meinung von NERNST.

Wir sind nun auch entschlossen, nach Paris zu reisen. Wohnung, glaube ich, wird man sich am besten direct bei einem Hotel bestellen. Freilich sind die meisten Bekannten, die dort waren und denen Zimmer fest versprochen waren, nicht da, wo sie solche erwarteten, sondern erst im fünften, sechsten Hotel, in dem sie nachfragten, angekommen. Mein ältester Bruder, der uns eben hier auf der Rückreise von Paris besucht, empfiehlt sehr das Hotel, in dem er schliesslich wohnte, Hotel St. Petersburg, in der Rue Caumartin 33. Es ist ein kleineres, angenehmes und sehr gut gelegenes Hotel, doch bezahlte er mit seiner Frau auch 20 frcs. täglich. Wir wollen dort bestellen, indem wir uns auf ihn beziehen. Dass wir zusammenwohnen, wäre uns natürlich auch äusserst angenehm.

Mit meinem Befinden geht es ziemlich. Vor Wind und Wetter muss ich mich aber immer etwas in Acht nehmen.

Die Fahnen Deines Vortrags lese ich selbstverständlich mit grossem Interesse. Viele Grüsse von meiner Frau und mir selbst an Euch Beide

Dein

Minkowski

Zürich, den 17. Juli 1900

Lieber Freund,

Von Deinem Vortrag habe ich die 3 ersten Fahnen erhalten. Da ich nicht weiss, was noch kommen wird, kann ich meine definitive Meinung noch nicht äussern. Höchst originell ist es jedenfalls, das als Probleme für die Zukunft hinzustellen, was die Mathematiker am längsten schon völlig zu besitzen glauben, wie die arithmetischen Axiome. Was mögen die im Auditorium jedenfalls auch zahlreich vertretenen Laien dazu sagen? Wird ihr Respect vor uns steigen? Auch mit den Philosophen wirst Du manchen harten Strauss auszukämpfen haben.

Jedenfalls musst Du aber, das ist meine und auch HURWITZ' Meinung, für den mündlichen Vortrag sehr grosse Kürzungen und Zurechtstutzungen vornehmen. Besser ist es, wenn Du Deine Zeit gar nicht ganz auszunutzen brauchst; und manches muss ja auch langsamer gesprochen werden.

Einige Bemerkungen sende ich Dir, sobald wie möglich, auf den Fahnen zu. Der Abschnitt über Variationsrechnung, namentlich die Formeln, sind wohl besser in eine Anmerkung hinter den Vortrag zu verweisen. Mit dem definitiven Druck hat es wohl nicht besondere Eile.

Anbei schicke ich Dir noch den Brief des Hoteliers, bei dem wir Zimmer für uns bestellten und der ein biederer Deutscher ist, sodass man ihm auch deutsch schreiben kann.

Durch Prüfungen u.s.w. bin ich die letzte Zeit ziemlich in Anspruch genommen.

Mit herzlichem Gruss von Haus zu Haus

Dein

H. Minkowski

Zürich, den 28. Juli 1900

Lieber Freund,

Deinen Vortrag habe ich nun mit grossem Genusse zu Ende gelesen. Da ich das Ende abwartete, um mir ein richtiges Bild zu machen, hat sich die Lectüre etwas verzögert. Ich kann Dir nur zu der Rede Glück wünschen, sie wird sicher

129

Ludwig Boltzmann

Walther Nernst

das Ereignis des Congresses bilden und der Erfolg wird ein sehr nachhaltiger sein. Namentlich glaube ich, dass Deine Anziehungskraft auf junge Mathematiker, durch diese Rede, die wohl jeder Mathematiker ohne Ausnahme lesen wird, wenn überhaupt möglich noch wachsen wird. Durch Ausmerzung von Kleinigkeiten hat die Einleitung an Vollendung gewonnen. Hurwitz und ich hatten uns zunächst ein ganzes falsches Bild gemacht, indem wir dachten, mit dem Ignorabimus sollte Schluss gemacht werden, namentlich da die Variationsrechnung schon so genau abgehandelt war. Nunmehr hast Du wirklich die Mathematik für das 20te Jahrhundert in Generalpacht genommen und wird man Dich allgemein gern als Generaldirector anerkennen. — Ich bin nun gespannt, wie Du es mit der mündlichen Vorlesung halten wirst. Alles kannst Du unmöglich sagen. Vielleicht liest Du bis zum Ignorabimus, giebst hernach die 21 Probleme in der Section, verweist aber darauf in der Sitzung und liest hier noch den Schlusspassus. Nur wird dieses Verfahren am Ende nicht gehen, wenn Deine Rede erst auf die Tagesordnung vom Freitag anstatt vom Montag kommt.

Habt Ihr nun auch in dem Hotel St. Petersburg Zimmer bestellt. Viel billiger wird es wohl anderswo auch nicht sein, an die Mahlzeiten ist man natürlich nicht

130

gebunden. Wir wollen nächsten Samstag früh fahren und treffen dann Nachmittags gegen 5 in Paris ein.

Gegenwärtig ist VOLTERRA mit Frau auf der Hochzeitsreise hier. Sie wohnen auf dem Uetliberg und bekommt man sie daher nicht viel zu sehen.

Auf der definitiv gedruckten Rede, von der mir ebenfalls ein Exemplar zuging, habe ich mehrere Druckfehler bemerkt und schicke sie Dir daher ebenfalls, mit nächster Post, zurück.

Mit meinem Buch bin ich doch nicht soweit, wie ich es wünschte, gekommen, nämlich um HERMITE den Schluss persönlich überreichen zu können. — Wie VOLTERRA meinte, würde HERMITE sich überhaupt nicht sprechen lassen.

Meine Frau ist seit einigen Tagen in Strassburg bei meiner Schwägerin, die vor einer Woche eine Tochter bekommen hat. Mein Bruder musste unterdess allein nach Köln übersiedeln, um seine neue Stelle anzutreten.

Mit besten Grüssen an Dich und Deine Frau

Dein

H. Minkowski

Zürich, Mittelstrasse 12, den 11. 9. 1900

Lieber Freund,

Dein ausführliches Schreiben aus Rauschen hat mich herzlich erfreut und hat auch mir die schöne Zeit, die wir zusammen am Strand verbrachten, lebhaft in's Gedächtnis zurückgerufen. Mit Vergnügen habe ich auch daraus gesehen, was ich allerdings schon lange weiss, dass man von Dir nicht bloss in der Mathematik, sondern auch in der Kunst, das Dasein verständig nach wahrer Philosophenart zu geniessen, viel lernen kann.

Wir sind seit der Pariser Zeit hiergeblieben. Zu der weiten Reise nach Reichenhall mit Frau und Kind konnte ich mich nicht mehr aufschwingen, zumal es in der ersten Zeit auch recht kühl war. Im Übrigen ging es mir auch immer gut hier, und ich war froh, eine Zeit lang ohne Störungen arbeiten zu können. Dafür haben wir von hier aus kleinere, aber recht schöne Ausflüge gemacht. — Aus Paris hatten wir für Deine Frau allerlei Reminiscenzen an den „Aiglon" mitgebracht, welchen Deine Frau damals mitten in den spannendsten Stellen verlassen musste. Sie sind aber noch hier, da meine Frau noch nicht zu dem Begleitschreiben gekommen ist.

Ich habe mich nun zur Reise nach Aachen entschlossen. Auf meine Anmeldung in diesen Tagen habe ich Logis in einem Hotel Grand Monarque gefunden. Ich habe auch nach Empfang Deines Briefes noch einen Vortrag: Über die Begriffe Länge, Oberfläche und Volumen angekündigt. Viel Neues wirst Du freilich nicht daraus erfahren. Der Satz über die Bestimmung der Flächen constanter Krümmung scheint so zu stimmen, wie ich ihn in Lugano gesagt habe. —

In Aachen werde ich wahrscheinlich erst Sonntag Nacht eintreffen, da ich den Tag bei meinem Bruder in Köln verbringen will.

Wie die Vorbereitungen für den künftigen Congress zu treffen sind, werden wir in Aachen eingehend besprechen. Das wäre ja eine schöne Idee, Leute direct zu bestimmten Untersuchungen für den Congress zu veranlassen; ob aber viele darauf anbeissen würden? Vielleicht könnte man auch eine solche Schrift, wie sie Klein in Chicago brachte, veranlassen, zu welcher dann noch die Einzelnen Erläuterungen am Congresse selbst geben könnten. — Doch da wir alle diese Dinge mündlich besprechen können, lohnt es kaum davon hier zu reden.

Ich hoffe, dass auch Deine Frau von Paris die angenehmste Erinnerung bewahrt und von den Anstrengungen nichts mehr weiss. Was hat Franz zu den Wundern des Herrn Perlemperper und zu den anderen merkwürdigen Erzählungen aus Paris gesagt? Es wird das Alles gewiss gewaltigen Eindruck auf ihn gemacht haben. — Meine Frau will sehr bald schreiben. Einstweilen herzliche Grüsse von uns Beiden an Euch

Dein

H. Minkowski

(Postkarte)   Zürich, den 5. November 1900

Lieber Freund, Indem ich Dir einen Separatabzug der Arbeit aus den Annalen sende, will ich hinzufügen, dass $N^0\ 2$ für die Annalen, die Bearbeitung meines Aachener Vortrags, bald folgen soll. Der Nachweis meiner Sätze über die Bestimmung der Flächen durch ihre Gaussische Krümmung macht immer noch gewisse

Schwierigkeiten, wenn auch an ihrer Richtigkeit nicht zu zweifeln ist. Vielleicht sind Deine Resultate über das DIRICHLETsche Princip dabei gut zu brauchen. — HURWITZ schwärmt augenblicklich sehr von den FROBENIUS'schen letzten Arbeiten, die ihn in der Bestimmung der Anzahl der RIEMANNschen Flächen weitergebracht haben. Dir zu schreiben, wie Du ihn in dem Neuabdruck Deines Pariser Vortrags erwähnen könntest, vermochte er nicht über's Herz zu bringen. — MERTENS hat uns einen jungen Mathematiker geschickt, der einen sehr guten Eindruck macht, und sich über kurz oder lang hier oder anderswo habilitiren will. Bei uns zu Hause geht Alles gut, und ich hoffe, dass dasselbe bei Euch der Fall ist. Herzliche Grüsse von Haus zu Haus

Dein H. Minkowski

Zürich, den 10. December 1900

Lieber Freund,

Es ist wieder eine so lange Zeit verflossen, seit ich zuletzt von der Mathematikerstadt Göttingen hörte, dass ich mir schon wiederholt Vorwürfe machte, nicht regeren Briefwechsel mit Dir zu pflegen. — Meine Arbeit über Volumen und Oberfläche hielt ich für so gut wie abgeschlossen, als ich dem Gegenstande wesentlich neue Seiten abgewann, sodass ich jetzt der definitiven Arbeit vielleicht erst eine Note für die Göttinger Nachrichten vorausschicken werde.

Einige Bemerkungen, zu denen ich gekommen bin, sind ganz niedlich, z. B. die folgende, welche charakteristische Eigenschaften für die Kugel unter allen möglichen convexen Körpern liefert:

Es sei $d\,\omega$ ein Element einer Kugelfläche Ω vom Radius 1, es sei ν die äussere Normale von $d\,\omega$, ferner n eine feste Richtung, so ist $\int |\cos(n\,\nu)|\,d\,\omega$, über die ganze Kugelfläche genommen, offenbar $= 2\,\pi$. Nun sei K irgend ein convexer Körper, V sein Volumen, F seine Oberfläche (im gewöhnlichen Sinne). Ist $d\,f$ ein Element von F, ferner n die äussere Normale von $d\,f$, ν eine feste Richtung, so ist andererseits

$$\int |\cos(n\,\nu)|\,d\,f$$

über die ganze Fläche F erstreckt, das Doppelte der Projection von F auf eine zur Richtung ν senkrechte Ebene, und werde $= 2\,P_{\nu}$ gesetzt.

FERDINAND GEORG FROBENIUS

CARL RUNGE

Dann ist, zuerst über die Kugelfläche genommen,

$$2 \int P_\nu\, d\omega = \int d\omega \int |\cos(n\nu)|\, df = \int df \int |\cos(n\nu)|\, d\omega = 2\pi \int df,$$

also, da $\int d\omega = 4\pi$ ist:

$$F = \frac{4 \int P_\nu\, d\omega}{\int d\omega}.$$

Oder:

Die Oberfläche eines convexen Körpers ist gewissermassen das Vierfache des arithmetischen Mittels aus allen möglichen Projectionen des Körpers.

Unter anderem folgt daraus sofort: Wenn ein convexer Körper einen zweiten solchen Körper umschliesst, so hat der erste stets eine grössere Oberfläche.

Weiter sei nun $\mathcal{K}$ nicht eine Kugel. Setzt man das Volumen V von $\mathcal{K}$ gleich $\frac{4\pi}{3} \cdot R^3$, so ist dann nach dem isoperimetrischen Hauptsatze für den Raum

$$F > 4\pi R^2.$$

Die für F oben erhaltene Formel zeigt dann, dass es stest solche Richtungen ν geben muss, wofür

$$P_\nu > \pi R^2$$

134

ist. Sodann ist noch, da P_ν ein Oval vorstellt, nach dem isoperimetrischen Hauptsatze für die Ebene der Umfang von P_ν stets $> 2\,\pi\,R$.

Stellt man endlich die entsprechenden Betrachtungen für die Ebene an, so zeigt sich, dass weiter P_ν stets irgendwelche Paare von parallelen Tangenten besitzen muss mit einem gegenseitigen Abstande $> 2\,R$. Danach resultirt der Satz:

Ein convexer Körper, der nicht eine Kugel ist, besitzt

1) umgeschriebene Cylinder von grösserem Querschnitt,
2) umgeschriebene Cylinder von grösserem Umfange des Querschnitts,
3) Paare paralleler Tangentialebenen von grösserem gegenseitigen Abstande
   als eine Kugel von gleichem Volumen.

Diese Sätze sind ja sehr plausibel, ich glaube aber nicht, dass Jemand versucht hat, sie zu beweisen. Namentlich der Satz 3) scheint fast auf der Hand zu liegen, ist aber nur für Körper mit Mittelpunkt evident. Hier giebt es dann stets auch Paare paralleler Tangentialebenen mit geringerem Abstande als der Durchmesser der Kugel. Dass aber letzterer Umstand nicht allgemein zutrifft, zeigt das Beispiel des regulären Tetraeders. —

Die wesentlichste Verbesserung hat meine Arbeit durch Einführung eines neuen Begriffs erfahren, der sich auf drei völlig beliebige convexe Körper $\mathcal{K}_1$, $\mathcal{K}_2$, $\mathcal{K}_3$ bezieht, und dem ich (vorläufig!) den Namen Mischvolumen von $\mathcal{K}_1$, $\mathcal{K}_2$, $\mathcal{K}_3$ gebe.

Es seien diese Körper zunächst Polyeder, und ich will ferner annehmen, dass jeder die gleiche Anzahl von Seitenflächen mit den gleichen äusseren Normalenrichtungen haben soll und auch je drei gleichgerichtete Seitenflächen stets von gleichvielen und gleichgerichteten Kanten begrenzt sein sollen. (Diese Annahme ist hier übrigens keine Beschränkung, wenn man in der gehörigen Weise Seitenflächen vom Flächeninhalt Null und Kanten von der Länge Null in Rücksicht zieht.) Man nehme nun einen Hülfspunkt in $\mathcal{K}_1$ und fälle von diesem Perpendikel auf alle Seitenflächen von $\mathcal{K}_1$. Es sei g_1 ein solches Perpendikel. In der dazu senkrechten Seitenfläche von $\mathcal{K}_2$ nehme man einen Hülfspunkt an und fälle daraus Lothe auf die Kanten der Seitenfläche von $\mathcal{K}_2$, ein solches Loth sei h_2. In der Kante von $\mathcal{K}_3$ endlich, welche der betreffenden auf h_2 senkrechten Kante von $\mathcal{K}_2$ entspricht, nehme man einen Theilpunkt beliebig an und es sei dann l_3 einer der zwei dadurch gebildeten Theile dieser Kante. Die Summe $\frac{1}{3}\sum g_1\,h_2\,l_3 = A_{1,2,3}$ über alle möglichen in der angegebenen Weise herzuleitenden Producte $\frac{1}{3}\,g_1\,h_2\,l_3$ ist nun das, was ich als Mischvolumen von $\mathcal{K}_1$, $\mathcal{K}_2$, $\mathcal{K}_3$ bezeichne.

Zunächst leuchtet ein, dass dieser Begriff, obwohl ich hier Lothe benutzt habe, Nichts auf die Kugel Bezügliches aufweist. Weiter erkennt man (aus den Eigenschaften von orthogonalen Transformationen), dass der Begriff unabhängig von den verwandten Hülfspunkten ist. Diese dienen nur dazu, um einzusehen, dass $A_{1,2,3}$ stets positiv ist. Weiter ändert sich auch $A_{1,2,3}$ nicht mit Parallelverschiebungen der einzelnen Körper. Ferner wird, wenn einer der Körper ausgedehnt wird, $A_{1,2,3}$ niemals kleiner und darauf gründet sich die Übertragung dieses Begriffs auf beliebige Körper. Endlich zeigt sich, dass die Grösse $A_{1,2,3}$ auch von der Reihenfolge der Körper nicht abhängt, eine Thatsache, in der insbesondere die oben angegebenen Sätze über die Kugel begründet sind.

Werden nun zwei der Körper $\mathcal{K}_2$ und $\mathcal{K}_3$ gleich einer Kugel vom Radius 1 genommen, so ist $3\,A_{1,2,3}$ die Oberfläche von $\mathcal{K}_1$ in gewöhnlichem Sinne.

Es mögen jetzt α, β, γ die Richtungscosinus irgend einer Richtung bedeuten, und es seien d_1, d_2, d_3 die Maxima des Ausdrucks

$$\alpha\,x + \beta\,y + \gamma\,z$$

im Bereiche der Körper $\mathcal{K}_1$, bez. $\mathcal{K}_2$, bez. $\mathcal{K}_3$. Sind u_1, u_2, u_3 feste positive Parameter, so wird alsdann durch die sämmtlichen Ungleichungen

$$\alpha\,x + \beta\,y + \gamma\,z \leqq d_1 u_1 + d_2 u_2 + d_3 u_3$$

für alle möglichen Systeme α, β, γ (mit $\alpha^2 + \beta^2 + \gamma^2 = 1$) ein convexer Körper $\mathcal{K}(u_1, u_2, u_3)$ definirt, dessen Volumen

$$f(u_1, u_2, u_3) = \sum_{p,q,r}^{1,2,3} A_{p,q,r}\, u_p\, u_q\, u_r$$

ist, worin $A_{p,q,r}$ die verschiedenen Mischvolumina zu den Körpern $\mathcal{K}_1$, $\mathcal{K}_2$, $\mathcal{K}_3$ sind, wenn die einzelnen Körper auch wiederholt zu benutzen sind.

Für diese zehn Constanten $A_{p,q,r}$ nun bestehen eine Reihe von Ungleichungen, die darauf hinauslaufen, dass die durch das Nullsetzen von $f(u_1, u_2, u_3)$ definirte cubische Curve ein Oval besitzt, aber keinen reellen Doppelpunkt, und das Coordinatendreieck ganz im Oval liegt. Diese Ungleichungen sind dann die weitgehendste Ausdehnung des Satzes, dass unter allen convexen Körpern gleichen Volumens die Kugel die kleinste Oberfläche besitzt.

Da über nichtmathematische Dinge gleichzeitig meine Frau berichtet, so will ich schliessen. Ich hoffe, bald einmal auch von Dir etwas zu hören und bin mit herzlichen Grüssen für Dich, Deine Frau und Franz

Dein H. Minkowski

Königsberg in Pr., M. 19, d. 4. Januar 1901

Lieber Freund,

Mit Deinem ausführlichen Schreiben, das mir hierher nachgeschickt wurde, habe ich mich sehr gefreut. Ich bin erst seit Sonntag hier. Die Veranlassung zu meiner Reise war, dass meine Mutter infolge eines Knöchelbruchs am Fusse und infolge des längeren Liegens sich schwach fühlte. Es geht ihr aber jetzt wesentlich besser. Wie ich Zürich verliess, habe ich mir ein Retourbillet auf dem kürzesten Wege über Stuttgart genommen. Ich habe nun den Fahrplan nach allen Richtungen hin studirt, (schon vor mehreren Tagen), wie ich wohl den Weg über Göttingen nehmen könnte. Es lässt sich das aber nur mit grossen Schwierigkeiten und höchstens so bewerkstelligen, dass ich ein paar Stunden dort wäre. Hier kann ich nicht vor morgen Abend abreisen und Montag muss ich wieder zu Hause sein, da ich Dienstag bereits wieder lese. Wie leid es mir thut, muss ich daher Eure freundliche Einladung, für die ich Euch vielen Dank weiss, für diesesmal ablehnen. Ich hoffe aber bestimmt, dass wir uns in 2—3 Monaten, wenn Ihr Eure Ferienreise unternehmt, wiedersehen werden und dann wenigstens einige Tage zusammen sind.

Gestern Mittag begegnete ich Deinem verehrten Herrn Vater und ging eine Weile mit ihm. Ich fand ihn recht rüstig und frisch.

Ich sprach noch VOLKMANN und SCHOENFLIES, die hauptsächlich mir ihre alten F.W.M. Leiden klagten.

Dass nun die Variationsrechnung und die partiellen Differentialgleichungen gründlich herankommen, interessirt mich sehr. Deine Ausführungen darüber in Deinem Briefe sind etwas knapp und bin ich auf Deine Publicationen darüber recht gespannt. Sie werden mir jedenfalls bei den speciellen Gleichungen aus der Flächentheorie, die ich jetzt vorhabe, gute Dienste leisten.

Mit dem Oval hatte ich mir die Sache so gedacht, wie Du es sagst, dass auch im Falle des Doppelpunktes die Schleife als Oval zu bezeichnen ist u.s.w. Aber gerade an dieser Stelle muss ich meinen letzten Brief berichtigen. Ich hatte einen Factor 2 übersehen, durch den der geometrische Satz über die Curve dann einen ganz anderen Ausdruck annimmt. Es hätte heissen sollen: Die Curve $f(u_1, u_2, u_3)$ = 0 zusammen mit ihrer HESSischen Curve zerlegen die Ebene in Gebiete, unter denen sich insbesondere 4 Ovale finden, und das Coordinatendreieck liegt dann ganz in einem einzigen (beliebigen) dieser Ovale. Die Ungleichungen in rationaler Form für diese Umstände sind sehr einfach.

Ich habe die wesentlichsten Sätze in functionentheoretischer Darstellung vor meiner Abreise aus Zürich an DARBOUX geschrieben, und ich bat ihn, meine Note in die Comptes Rendus aufzunehmen.

Zu der Übernahme der Hauptredaktion der Annalen gratulire ich Dir herzlich, und ich bin überzeugt, dass von diesem Momente eine grosse Blüthezeit dieser Zeitschrift datiren wird. Ebenso erwidere ich auf's wärmste Eure freundlichen Glückwünsche zum neuen Jahre und dem sich daran anschliessenden Saeculum.

Mit herzlichen Grüssen an Dich, Deine Frau und Franz

Dein H. Minkowski

Zürich, Mittelstrasse 12, den 11. März 1901

Lieber Freund,

Den Empfang Deines Briefes vom December bestätigte ich bereits aus Königsberg. Ich war sehr froh, einmal wieder Ausführlicheres von Dir zu hören. Zu meinem grossen Bedauern war es mir damals unmöglich, über Göttingen zurückzureisen. Ich hoffe nun aber bestimmt, dass wir bald Gelegenheit haben, Euch wiederzusehen. Am liebsten würde es uns sein, wenn Ihr einigen Aufenthalt bei uns in Zürich nähmet. Die Gelegenheit zu einem Gegenbesuch bei Euch wird sich gewiss auch bald bieten, sodass Ihr dies nicht als conditio sine qua non hinstellen dürft. Wir haben für die Ferien keine besonderen Pläne, nur am 26. März wollte ich einen Tag in Strassburg zubringen. Im Übrigen will ich in den Ferien besonderen Fleiss entwickeln. Meine Arbeit über „Volumen und Oberfläche" nähert sich ihrem Abschlusse. Ich hoffe sie Dir noch in den Ferien zugehen lassen zu können, sodass sie vielleicht noch in den ersten unter Deiner speciellen Leitung erscheinenden Band der Annalen Aufnahme findet. Sie wird ziemlich umfangreich, ich glaube aber, dass die Entwicklungen fast durchweg eine bleibende Gestalt haben werden. Namentlich habe ich auch die neuen Sätze über partielle Differentialgleichungen (Bestimmung der Flächen durch ihre GAUSSische Krümmung u.s.w.) in völliger Strenge und grosser Allgemeinheit entwickelt. Meine Methode ist im Grunde eine Art DIRICHLET'schen Princips und wird jedenfalls auf eine grosse Klasse von Differentialgleichungen zu übertragen sein. In sehr einfacher Weise ergeben sich die geschlossenen Flächen, für welche die Summe der Krümmungsradien (nicht die mittlere Krümmung) als Function der Normalenrichtung gegeben ist. Man kann die Lösung der betreffenden Differentialgleichung unmittelbar in Kugelfunctionen hinschreiben. — HURWITZ' Concurrenznote in den Comptes rendus hast Du wohl bemerkt; H. bemüht sich jetzt, die entsprechenden Sätze im Raume mittelst Kugelfunctionen zu begründen. Doch sind bisher nur Sätze über diese Functionen herausgekommen, die nicht direct einzusehen sind.

Publicirst Du nicht demnächst Einiges über Deine Untersuchungen zur Theorie der partiellen Differentialgleichungen? Ich bin sehr gespannt darauf.

Von den Dissertationen, die Du in Deinem Briefe aufzählst, habe ich nicht die von TOWNSEND, HILBERT, BEER, MARKSEN, FELDBLUM, BOSWORTH.

Im nächsten Semester bekommst Du wieder einen Mathematiker von hier, W. RITZ, der viel Interesse zeigt, bisher sich aber immer unlösbare Probleme ausgesucht hat. Hier haben wir erst mit Ende dieser Woche Ferien.

Ich hoffe, nun bald von Dir zu hören, welche Dispositionen Ihr getroffen habt, und bitte Euch nochmals, so lang als möglich bei uns zu sein.

Mit herzlichen Grüssen für Dich, Deine Frau und Franz

Dein

H. Minkowski

Strassburg im Elsass, den 26. März 1901

Lieber Freund,

Dein liebes Schreiben erhielt ich noch in Zürich. Ich beantworte es erst von hier aus, da ich noch mit meiner Frau vorher über die Möglichkeiten einer Reise Rath pflegen musste. Ich bin natürlich auch mit ganzer Seele dabei, in Deiner

Gesellschaft eine kleine Tour zu unternehmen. Auch ein Rendezvous in Bozen (oder ebensogut auch in Luzern) würde mir sehr gut passen. Doch möchte ich im Ganzen nicht über 10 Tage fortbleiben, einmal mit Rücksicht auf Frau und Kind, die zu Haus bleiben, dann weil bei uns schon am 15ten die Vorlesungen anfangen und ich in den Ferien noch etwas arbeiten möchte. Falls Du viel länger wegbleiben willst, könnten wir uns dann ja in einem gewissen Zeitpunkt trennen; und wir, meine Frau und ich, würden dann noch darauf rechnen, Dich einige Zeit bei uns in Zürich zu haben. Ich überlasse es nun ganz Dir, mir den Reiseplan mit Rücksicht auf diese meine Wünsche vorzuschreiben; nur möchte ich Dich bitten, mir dann zeitig genug zur Bestellung der Billets Nachricht zu geben. Ich möchte auch schon einen Tag früher als Du abreisen (bei einer eventuellen Fahrt über Bozen), um meine Schwägerin und meine Schwester, die augenblicklich in Meran sind, dort zu besuchen.

Ich bin eben wieder im Begriffe, nach Zürich zurückzureisen und erwarte dort Deine Nachrichten.

Mit bestem Grusse von Haus zu Haus

Dein

H. Minkowski

Der Brief ist in grosser Eile geschrieben.

Zürich, Mittelstr. 12, den 30. Juli 1901

Lieber Freund,

Es ist gewiss Unrecht, dass ich das ganze Semester Nichts habe hören lassen. Infolgedessen habe ich auch Deine Nachrichten ganz vermissen müssen. Wir hatten geplant, die Ferien diesesmal an der Ostsee zu verbringen, doch haben wir schliesslich infolge ärztlicher Anordnungen davon Abstand genommen und werden einen Theil der Ferien hier in der Schweiz, in Tarasp, verbringen. Da dieses schon ein ziemlich theures Pflaster ist, so bin ich auch zweifelhaft geworden, ob ich danach nach Hamburg gehen werde. Dein Vortrag und die in Aussicht ge-

nommene Exkursion nach Göttingen reizt mich allerdings sehr. Kommt Deine
Frau nach Hamburg mit? Meine Frau interessirt sich dafür ganz besonders und
würde in dem Falle gewiss sehr für die Reise nach Hamburg eintreten.

Meine Arbeit „über Volumen und Oberfläche" ist ziemlich fertig, und hat
mir noch mancherlei Mühe gemacht. In meinem Aachener Vortrage habe ich eine
Bemerkung über das Eintreten des Gleichheitszeichens in einer gewissen Ungleichung nicht ganz richtig ausgesprochen, und diesen Punkt vollständig zu erledigen, musste ich zum Theil sehr weit ausholen. Für die Kugel z. B. gelten diese
Sätze: Unter allen Körpern von gleicher Oberfläche besitzt allein die Kugel das
Minimum der mittleren Krümmung; dagegen haben unter allen Körpern gleicher
Oberfläche das Maximum des Products aus Volumen und mittlerer Krümmung
neben der Kugel noch alle „Kappenkörper der Kugel", d. s. die Körper, die aus
der Kugel entstehen, wenn man auf ihrer Oberfläche beliebige Kalotten (in end-
licher oder unendlicher Anzahl) annimmt, die sämmtlich kleiner als die Halbkugel sind und deren Flächen im Inneren ganz auseinanderliegen, und wenn man
sodann auf jede Kalotte einen Kegel aufsetzt, dessen Erzeugende die Kugel im
Rande der Kalotte berühren.

Die ganze Arbeit ist ziemlich umfangreich geworden, vielleicht an 100 Druckseiten, und muss ich noch eine Reinschrift anfertigen. Ich hoffe, sie Dir aber noch
vor Hamburg zugehen lassen zu können.

Wie steht es mit Deiner Festschrift? Druckst Du bereits an ihr?

Wer ist E. Schmidt, von dem die Arbeit im letzten Annalenhefte ist?

Ich hoffe, dass Du mit Beginn der Ferien die Musse findest, mir einmal zu
schreiben. Du hast gewiss in der Zwischenzeit viel interessante Dinge gefunden
und erlebt.

Geiser hat mich wiederholt gebeten, Dir zu schreiben, Du möchtest ihm ein
Exemplar Deiner Pariser Rede zugehen lassen.

Ich wünsche Dir, Deiner Frau und Franz vergnügte Ferien und gute Erholung
in Rauschen und bin, mit herzlichen Grüssen auch von meiner Frau

Dein

H. Minkowski

Vulpera-Tarasp. den 26. August 1901

Lieber Freund,

Etwas spät antworte ich auf Deinen Brief und die liebenswürdige Einladung, Euch in Göttingen zu besuchen. Ich bin nun doch entschlossen, die Versammlung in Hamburg nicht zu besuchen. Ich habe den ersten Theil der Ferien so arg gefaullenzt, dass ich die übrige Zeit um so mehr ausnutzen möchte. Auch schreckt uns die weite Reise ab. Morgen gehen wir von hier fort und bringen noch einige Zeit in Weesen am Walensee, Hotel Schwert, zu, wo es ruhiger zugeht als hier. — Wenn wir nun nicht nach Hamburg gehen, so hoffen wir, dass in nicht zu ferner Zeit sich eine andere Gelegenheit finde, wo Euch unser Besuch recht ist. Jedenfalls sagen wir Euch besten Dank für die jetzige Einladung.

Was die Wahl des Vorsitzenden für die Vereinigung anlangt, so ist für nächstes Jahr vielleicht GUTZMER der geeignete Kandidat, wenn die Versammlung in Jena statt hat. GUTZMER wird den Schriftführerposten wohl niederlegen, wenn die Umgestaltung der Jahresberichte erfolgt.

Es ist hier in den Bergen wundervoll, vielfach ähnlich wie bei Bozen. Doch würde ich sehr gern wieder an der Ostsee sein.

Deine Festschrift ist nun wohl mit Riesenschritten fortgeschritten in der für mathematisches Denken so bewährten Rauschener Luft.

Meine Frau ist augenblicklich mit dem Packen der Koffer beschäftigt. Von ihr und mir an Euch die herzlichsten Grüsse

Dein

H. Minkowski

Weesen, d. 5. September 1901

Lieber Freund,

Es hat uns sehr leid gethan, aus Deinem Briefe zu erfahren, dass Deine Frau nicht wohl gewesen ist. Hoffentlich erholt sie sich jetzt mit raschen Schritten, wie wir es ihr von Herzen wünschen.

Was meine Arbeit anlangt, so werden doch wohl noch einige Wochen vergehen, bis ich sie Dir vollständig zusende. Ich würde bedauern, wenn ich die Stelle, die Du mir in den Annalen offengehalten hast, nicht einnehmen sollte. Doch kann ich zunächst nicht mehr thun, als mit möglichster Beschleunigung an der Arbeit herumfeilen, um sie in tadellosen Zustand zu bringen. In Tarasp kam ich leider nicht viel dazu, hier bin ich aber in dieser Woche schon ziemlich weit gekommen. Sollte ich in zwei Wochen im Wesentlichen fertig sein, was nicht ausgeschlossen ist, so komme ich am Ende doch noch auf Deine verlockenden Darstellungen hin nach Hamburg.

Dass der junge NEUMANN so gut vorwärtskommt, freut mich sehr. Die anderen tüchtigen Mathematiker werden jedenfalls dank der Beachtung, die gute Leistungen heutzutage erfahren, auch niemals so pessimistisch über ihre Aussichten zu denken brauchen, wie Privatdocenten vor 15 Jahren.

Das LINDEMANN'sche Opus ist mir nicht zugegangen. Ich bin schon etwas gespannt darauf.

Für den Betrag einer Determinante $|a_{ik}|$ $(i, k = 1, 2, \ldots n)$ mit den Bedingungen, dass die Beträge der $a_{ik} \leq 1$ sind, gilt, soviel ich sehe, wenn die Grössen a_{ik} complex sind, dieselbe obere Grenze $\sqrt{n^n}$ wie im Falle reeller Grössen. Sollte dieses nicht ebenfalls schon HADAMARD im Bulletin d. sc. bemerkt haben? Der Beweis dafür ist folgender (er steht vielleicht ebenso bei HADAMARD):

Es sei $\bar{a}_{ik}$ die conjugirte complexe Grösse zu a_{ik}, so bilde man die componirte Determinante $|a_{ik}| \, |\bar{a}_{ki}| = |b_{ik}|$ $(i, k = 1, 2, \ldots n)$. Die bilineare Form $f = \sum b_{ik} u_i \bar{u}_k$ mit conjugirt imaginären Variabelnreihen u_i, $\bar{u}_i$ ist dann, wenn $|a_{ik}| \neq 0$ ist, eine HERMITEsche positive Form. Man kann sie in einen Ausdruck transformiren

$$D_1 (u_1 + \beta_{12} u_2 + \ldots + \beta_{1n} u_n)(\bar{u}_1 + \overline{\beta}_{12} \bar{u}_2 + \ldots + \overline{\beta}_{1n} \bar{u}_n) + \frac{D_2}{D_1}$$

$$(u_2 + \ldots + \beta_{2n} u_n)(\bar{u}_2 + \ldots + \overline{\beta}_{2n} \bar{u}_n) + \ldots + \frac{D_n}{D_{n-1}} u_n \bar{u}_n,$$

worin $D_1, D_2, \ldots D_n$ reelle positive Grössen und speciell $D_n = |b_{ik}|$ ist. Setzt man hierin $u_n = 1$, $u_1 = u_2 = \ldots = u_{n-1} = 0$, so folgt

$$b_{nn} \geq \frac{D_n}{D_{n-1}} \, .$$

Nimmt man allgemeiner $u_1 = u_2 = \ldots = u_{h-1} = 0$, $u_h = 1$, $u_{h+1} = \ldots = u_n = 0$, so folgt $b_{hh} \geqq \dfrac{D_h}{D_{h-1}}$ und durch Multiplication aller dieser Ungleichungen entsteht die neue Ungleichung

$$b_{11}\, b_{22} \ldots b_{nn} \geqq D_n = |\,b_{ik}\,| = \|\,a_{ik}\,\|^2.$$

Sind nun alle Grössen a_{ik} dem Betrage nach $\leqq 1$, so folgt für jede Grösse b_{kk} die Ungleichung $b_{kk} \leqq n$, und geht sodann hier

$$|\,a_{ik}\,| \leqq \sqrt{n^n}$$

hervor. —

Nimm die besten Grüsse von mir und meiner Frau, und hoffentlich doch noch auf Wiedersehen in Hamburg,

Dein

H. Minkowski

(Postkarte)   Zürich, d. 20. Sept. 1901

Lieber Freund, Besten Dank für Deine Karte. Auch von Deiner Frau hatten wir Nachricht, womit wir uns sehr freuten. Auf der Hinreise fahre ich über Köln, und passire erst auf der Rückreise Göttingen. In Hamburg wohne ich Hotel Fahrenkrug. Vielleicht bist Du auch dort, da es sehr nahe an unserem Sitzungslokal liegt. Meine Frau bleibt zu Hause. — LINDEMANNS Arbeit ist bei näherem Zusehen unter aller Kanone. Nach ihm würde, wenn $a \equiv b + c$ (modulo einer Primzahl p) ist, auch $a^h \equiv b^h + c^h$ (mod p) für jeden Exponenten h gelten!!! HURWITZ sagt, was mögen da die Zuhörer im Colleg zu hören bekommen. Dass Ihr einen tüchtigen Astronomen in Göttingen bekommt, wird die Zugkraft Göttingens, wenn überhaupt möglich, noch erhöhen. In meiner Arbeit ist nun mathematisch alles tadellos und klappt sehr gut zusammen, ich glaube, dass die Methoden wohl manche Verallgemeinerung zulassen werden.

Herzliche Grüsse, auch von meiner Frau

von Deinem

H. Minkowski

144

Zürich, den 30. Oktober 1901.

Lieber Freund,

Herzlichen Dank für Dein Schreiben und die sehr angenehme Nachricht, die es mir bringt. Ich bin auf die Ehre, die mir widerfahren ist, sehr stolz, wenn ich auch ganz zufrieden gewesen wäre, mich noch einige Jahre Deiner Vermittlung bei den Publicationen in den Nachrichten zu bedienen. Es ist für mich nicht schwer zu errathen, dass ich diese Auszeichnung vor Allem Dir zu verdanken habe. Sie ist mir auch in erster Linie werth als ein Zeichen, dass Du selbst von meiner Mathematik (in spe) keine schlechte Meinung hast.

Ich habe Euch bisher noch gar nicht für die gastliche Aufnahme gedankt, die ich vor vier Wochen bei Euch gefunden habe; mein Brief sollte zugleich Begleitschreiben zur Annalenarbeit werden. Und nun seid Ihr bereits so liebenswürdig, mich von Neuem einzuladen. Es gäbe in der That viele Umstände, die mich zur Reise reizten; vor Allem wäre ich sehr gern wieder in Deiner Gesellschaft; dann hätte ich auch Zeit zur Reise, weil meine Vorlesungen fast ganz in die erste Hälfte der Woche fallen. Endlich reden mir mehrere mathematische Collegen zu, die dem Präsidenten BLEULER gegenüber es gern sähen, dass auch einmal etwas bei den Mathematikern passirte und nicht Alles bloss von den Technikern spräche. Es überwiegt aber doch schliesslich bei mir jetzt das Bedürfnis nach Ruhe zu ungestörter Arbeit, sodass ich für dieses Mal meine Reiselust bekämpfen will. Nimm aber vielen Dank für die herzliche Einladung!

Deine Festschrift hat mir sehr gut gefallen, und ich bin jetzt noch mehr als schon vordem begierig, Deine grössere ausgeführte Theorie der partiellen Differentialgleichungen bald zu besitzen. Ich habe seinerzeit den Correcturbogen etwas flüchtig durchgelesen, da ja bei der knappen Darstellung der Versuch einer Kritik unstatthaft gewesen wäre.

Die Spannung wegen meiner Annalenarbeit denke ich nun am schnellsten vielleicht so zu lösen, dass ich eine kurze Entwicklung der Sätze über partielle Differentialgleichungen darin, die Dich wohl am meisten interessiren dürften, und erst ganz am Schluss der Arbeit stehen, für die Göttinger Nachrichten liefere. Die Arbeit ist im Übrigen wirklich fertig und geht Dir bald zu.

Meine Frau, die gerade zu einer Hochzeit in Strassburg weilt, fühlt sich jetzt natürlich auch nicht wenig, und würde wahrscheinlich, wenn die Hochzeit nicht schon vorgestern gewesen wäre, heute mit Niemandem mehr tanzen wollen.

145

Mit dem Wunsche, dass die Jubelfeier zu Eurer Zufriedenheit ausfallen möge, sende ich Dir, Deiner Frau und Franz die herzlichsten Grüsse

Dein

H. Minkowski

(Postkarte)   Zürich, Mittelstr. 12, den 17. März 1902.

Lieber Freund, Während ich von Dir durch GUTZMERS Klatschblatt und durch die Göttinger Nachrichten immer etwas höre, muss ich meinerseits bei Dir schon als gänzlich verschollen gelten. Hier haben wir jetzt erst Ferien, morgen habe ich noch die letzte Conferenz abzuhalten. Reisepläne habe ich keine, doch möchte ich ganz gern, wenn Du in erreichbare Nähe kommst, — (Du sprachst einmal von Baden-Baden) — mich Dir für ein Paar Tage anschließen. Mit meinen Arbeiten bin ich in diesem Semester leidlich vorangekommen, wenn ich auch weder Dir noch den Göttinger Nachrichten bisher etwas zugeschickt habe. Doch war es schon ganz gut, dass ich nicht einen Theil zum Drucke gab, ehe das Ganze fertig war. Dafür soll das Jahr 1902 endlich die mathematische Welt durch eine seltene Productionskraft in Staunen versetzen. — Neulich war ich auf einen Tag in Strassburg und sprach WEBER, der schon wieder an einem grossen Lehrbuch schreibt. HURWITZ geht in einer Woche nach Lugano, er hat einen ganz interessanten Aufsatz für die Annales de l'Ecole Normale geliefert. Wir machen uns jetzt gegenseitig in problèmes délectables Concurrenz, er mit FOURIERschen Reihen, ich mit Kugelfunctionen. Das Neueste darin sind Briefbeschwerer zum Gebrauche für Mathematiker, die ich demnächst SCHILLING in Arbeit geben will. Ich hoffe, gute Nachrichten über Euer aller Befinden von Dir zu erhalten und bin mit herzlichen Grüssen von Haus zu Haus

Dein H. Minkowski

Zürich, den 5. Juli 1902
Mittelstr. 12

Lieber Freund,

Gestern Abend bin ich wohlbehalten heimgekehrt und die vielen Erlebnisse der letzten Woche kommen mir wie ein Traum vor, so schnell ist Alles vor sich gegangen. Zwei Stunden habe ich heute mit der Lectüre der eingelaufenen Briefe zu thun gehabt, und nun will ich vor Allem Dir von Herzen für die vielen Beweise Deiner Freundschaft danken, die mir diese Tage gebracht haben, dafür, dass Du diese grossen Ereignisse in meinem Leben, die für meine ganze zukünftige Entwicklung bestimmend sind, in die Wege geleitet hast und durch Deine Energie zu glänzendem Ausgange geführt hast. An meine Übersiedlung nach Göttingen und die Anregungen, die ich dort durch den nahen Verkehr mit Dir und das ganze Milieu zu erwarten habe, knüpfe ich in der That die schönsten Hoffnungen für mein weiteres Dasein und Wirken an. Deiner Frau und Dir danke ich auch ganz besonders für die gastliche Aufnahme in Eurem gemüthlichen Hause. Dass mein Aufenthalt Euch viel Arbeit und Umstände gemacht hat, war mir gewiss nicht recht, und es war sehr aufopfernd von Euch, dass Ihr das so liebenswürdig mithingenommen habt. Meine Frau freut sich auch sehr, in Eure Nähe zu kommen. Dass sie es noch nicht selbst geschrieben hat, liegt daran, dass sie die ganze Woche gar nicht recht wohl war. Die unerwarteten Ereignisse haben sie doch bei ihrem jetzigen Zustand etwas aufgeregt.

Den Plan von Göttingen, den ich als Reiselectüre benutzt habe, kenne ich bald auswendig. Die Prinz-Albrechtstrasse scheint mir fast 1 halbe Stunde von Eurer Wohnung entfernt zu liegen, so dass ich doch grosses Bedenken habe, die Wohnung dort zu nehmen. Wusste die Eiselen nichts Neues vorzuschlagen? Es thut mir leid, dass ich Euch mit diesen Dingen noch quälen muss. Doch bin ich auf Eure Unterstützung hierbei etwas angewiesen. Unsere Wohnung hier werden wir kaum weitervermiethen können, da das Haus zum 1. Oct. 1903 verkauft ist.

HURWITZ sprach ich bereits. Er hat sich von BLEULER ausgewirkt, dass er nur noch Differentialgleichungen für den II. Kurs, aber nicht mehr Diff. und Integralrechnung zu lesen braucht, dafür übernimmt er die speciell math. Vorlesungen, tritt also an meine Stelle; der Ausfall an Collegiengelder wird ihm ersetzt, sodass er um 1500 Frcs. im Gehalt steigt. HIRSCH wird nun jedenfalls Ordinarius und soll Diff. und Integralrechnung lesen, er soll vor Vergnügen ganz aus dem

147

Häuschen sein; so herrscht hier allgemeines Wohlgefallen. BURKHARDT ist schon
in dem Gedanken glücklich, dass KLEIN unter Umständen an ihn gedacht haben
würde.

Seid nun mit Franz, der hoffentlich nicht bös ist, dass ich ihm nicht Adieu
gesagt habe, herzlichst gegrüsst von Eurem

H. Minkowski

Ich bitte mich auch Eurer Mutter bestens zu empfehlen.

Zürich, Mittelstrasse 12, den 13. Juli 1902

Lieber Freund!

Besten Dank für Deine Karte und Deinen Brief, sowie für die Mühe, die Ihr
meinetwegen habt. Mittlerweile haben sich bei uns grosse Ereignisse zugetragen;
meine liebe Frau hat mir Freitag Nachmittag ein zweites Mädelchen geschenkt.
Die Entbindung ist wohl durch die Aufregungen der letzten Wochen und weil
meine Frau sich während meiner Abwesenheit nicht genügend in Acht genommen
haben mag, etwas zu früh, vielleicht 4 Wochen, erfolgt. Doch ist das Kleine recht
kräftig, sie wiegt gegen $6\frac{1}{2}$ Pf. Meiner Frau, die sich recht quälen musste, aber
sich sehr tapfer benahm, geht es jetzt durchaus gut. Für unsere Übersiedelung ist
es ja sehr praktisch, dass dieses freudige Ereigniss sich etwas verfrüht hat. Ich bin
in diesen Tagen natürlich nicht viel zur Mathematik gekommen, doch kann ich
jedenfalls heute mit der Lectüre Deiner geometrischen Arbeit beginnen, und da
morgen meine Schwiegermutter kommt, so habe ich wieder soviel freie Zeit, dass
ich wohl bis Mittwoch die Durchsicht beendigen kann.

Den Plan, der Deinem Briefe beilag, schicke ich hier zurück. Diese Wohnung
in der Prinz Albrechtstr. würde dem Raume nach genügen, falls noch Mädchen-
zimmer in der 2. Etage extra vorhanden sind; sonst wäre sie zu klein. Die Lage
freilich mit der Entfernung von der W. Weberstr. will mir gar nicht zusagen. Da
gefällt mir die Plankstr. weit besser. Ich will auf Deinen Brief hin an Herrn
v. Bargen schreiben. (BURKHARDT kennt die Familie und sagte mir, dass die
Adelspartikel nur mit zum Namen gehört, dem Herrn aber dazu diente, in adlige

Kreise hineinzuheirathen, in einer Weise, die auf ihn gerade kein günstiges Licht
wirft.) Da ich mir nicht recht klar darüber bin, inwieweit die Angaben der Eiselen als authentisch zu betrachten sind, so lege ich den Brief an v. B. hier bei und
bitte ihn, mit einer 5 Pf. Marke versehen, in Göttingen aufzugeben, falls Du es
nicht für rathsamer hältst, dass ich mich auch noch der Eiselen als Zwischenglied
bediene. Sie könnte dann vielleicht die Angaben aus dem Briefe an Herrn v. Bargen übermitteln und daraufhin eine bestimmte Zusage von ihm extrahiren, ob
er an mich die Wohnung vermiethen will. Er schien ja dazu keine rechte Lust
zu haben, und es ist auffällig, dass er die Wohnung nun für M. 1600 soll vermiethen wollen, während er ja von mir M. 1800 verlangte. Zur Noth würde ich
unter den gegenwärtigen Umständen mit Anfang der Ferien nochmals nach Göttingen zur Wohnungssuche gehen können.

Mit besten Grüssen an Deine Frau und Dich, ferner an Deine verehrte Schwiegermutter sowie an Franz, von meiner Frau und Deinem

H. Minkowski

Zürich, d. 17. Juli 1902
Mittelstrasse 12

Lieber Freund,

Für den ABELglückwunsch sind ja die Gedanken ziemlich gegeben und kommt
es zumeist auf gefällige Ausschmückung an. Man kann wohl construiren, dass
Göttingen einen ausgezeichneten Antheil an diesem Feste habe, weil ABEL ja in
hohem Maasse die Ideen des Göttinger GAUSS weitergeführt habe und seine Ent-
deckungen in erster Linie wieder durch einen Göttinger, RIEMANN, zum Abschluss
und zur höchsten Vollendung entwickelt seien. Das Leben ABELS wäre eine Epi-
sode in Göttingens Geschichte, als wenn von Göttingen ein Schiff, zu erfolgreicher
Fahrt auf's beste mit den Ideen GAUSS' ausgerüstet, in die Welt hinausgegangen
sei, in ABEL ein fremdes Land mit ungeahnten Schätzen von unendlicher Pracht
aufgefunden habe und von dort mit wunderbaren neuen Errungenschaften und
Kenntnissen heimgekehrt sei, welche wieder zu Hause eine neue Blüthezeit künst-
lerischen Schaffens, durch den Namen RIEMANN gekennzeichnet, hervorgerufen

hätten. Ich glaube, dass ein solcher Seefahrtsvergleich speciell in Christiania seine Wirkung nicht verfehlen dürfte.

Weiter könntest Du vielleicht an dem Beispiele ABELS demonstriren, wieso gerade in der Mathematik schon die Jugend zu grossen Leistungen kommen kann. Dies liess sich vielleicht ebenso wie in einer Adresse auch für einen Toast auf die künftige mathematische Generation verwenden. Obwohl die Mathematik ja heute einen so gewaltigen und ausgedehnten Bau vorstellt, werden die Zugänge immer offener, die Räume immer heller und durchsichtiger, und dringt man, wenn man nur den richtigen Schlüssel zur Pforte sich geschmiedet hat, alsobald in das tiefste Innerste. Um aber die Kunstschlüssel auf das richtige Lösungswort einzustellen, bedarf man nur der richtigen Erfassung der Voraussetzungen, der Klarheit über die Axiome, der zielbewussten Problemstellungen, wie es ABELS Inangriffnahme der Räthsel über die algebraischen Gleichungen, über die Binominialreihe etc. beweisen. Wer mit dem gehörigen kritischen Geist und mit frischem Wagemuth, frei von übernommenen langjährigen Vorurtheilen die Beantwortung der Fragen der Mathematik versucht, trägt die Erfolge von dannen.

Die Lectüre Deiner Arbeit in den Annalen habe ich noch nicht ganz beendet. Ich finde sie sehr interessant, doch muss man sie zu ordenlicher Würdigung mit Unterbrechungen lesen. Ich habe einiges dazu geschrieben, das meiste ohne Bedeutung; an einzelnen Stellen liesse sich vielleicht ein möglicher Zweifel, der allerdings durch spätere Ausführungen von selbst geklärt wird, von vornherein ausschliessen.

Für Eure gemeinsame neuliche Postkarte über die Wohnung vielen Dank. Der Herr v. Bargen schickte mir den Plan der Wohnung und schrieb, dass er zunächst den Baumeister interpelliren wolle. Weiteres habe ich von ihm noch nicht gehört. Eventuell würde ich ja doch noch auf die Wohnung in der Prinz-Albrechtstr. recurriren müssen.

Meiner Frau geht es jetzt recht gut. Ein paar Tage hatte sie ziemliches Fieber. Doch können wir jetzt ganz ausser Sorge sein und macht ihre Genesung täglich weitere Fortschritte. Meine zweite Tochter heisst Ruth Helene, und ist bis jetzt nur zu loben.

Empfiehl mich bestens KLEIN und den anderen Collegen. Mit vielen herzlichen Grüssen für Deine Frau, Dich, Deine Schwiegermutter und Franz von meiner Frau und

Deinem H. Minkowski

Lieber Freund! Herzlichen Dank für das liebe Schreiben Deiner Frau, mit dem wir uns sehr freuten, sowie für Deine beiden Karten. Soeben habe ich den Contract wegen der Wohnung Plankstr. unterschrieben an Herrn B. zurückgeschickt. Ich habe zwar noch einige Änderungen angebracht, doch wird B. damit jedenfalls einverstanden sein. So wäre ich denn in Göttingen glücklich untergebracht. Herzlichen Dank für die Mühe, die Ihr dabei hattet. Im Theater abonniren wir natürlich mit großem Vergnügen am Montag, zwei Plätze. Bitte also für uns vormerken zu lassen. Könntest Du mir noch die Adresse eines guten Göttinger Möbelhändlers (oder Tapezierers) angeben. Ich will verschiedene Messungen an der Wohnung ausführen lassen, um danach Alles hier, wo wir ja noch viel Zeit haben, so arrangiren zu lassen, daß wir dort sogleich mit Allem fix und fertig dastehen. Weiß vielleicht auch Deine Frau, ob man dort wohl ein weibliches Factotum zur Aushilfe am Vormittag haben kann. Von hier nehmen wir unsere Köchin und das Kindermädchen mit, etwas Hilfe für diese Beiden wird dann doch noch nöthig sein. Zur Noth würden wir ein Stubenmädchen dort nehmen. — Deine Correctur sandte ich gestern zurück. Wenn Du meine Bemerkungen auch nicht viel wirst brauchen können, so habe ich doch jedenfalls alles gut capiren können. Nur fehlt mir noch die rechte Vorstellung, welche Curven in voller Allgemeinheit ein wahrer Kreis bedeuten kann.

Herzliche Grüße von Haus zu Haus

Dein

H. Minkowski

Meiner Frau geht es unverändert gut.

Göttingen, den 25. März 1904

Lieber Freund,

Aus Eurer Postkarte sahen wir mit Vergnügen, dass der Anfang Eurer Reise so gelungen verlaufen ist. Die Fortsetzung lässt hoffentlich ebensowenig zu wünschen übrig. Ich sende Dir anbei eine Postkarte, die mir soeben von KLEIN zuging, der sehr dafür ist, dass Du RAYLEIGH citirst, und in der That angiebt, wie das sehr gut zu machen ist. Er zeigte mir gestern einen Brief von ANISSIMOFF aus Warschau, worin dieser sich gewaltig ereifert, dass A. MAYER von Deinem Unabhängigkeitssatze in der Variationsrechnung spricht und behauptet, WEIERSTRASS hätte ihn besessen. Jedenfalls vermeidest Du unnütze Angriffe, wenn Du RAYLEIGH nennst.

KLEIN erzählte noch, dass RUNGE nach Danzig berufen sein soll. Auf eine Anfrage an ihn hat KLEIN jedoch noch keine directe Antwort. Ferner ist die Affaire LORENZ nun definitiv geordnet, LORENZ hat Urlaub genommen; als Director des Instituts tritt zunächst wieder RIECKE officiell ein, während unter dem Titel Abteilungsvorsteher ein Dr. ing. KOOB aus München, der recht tüchtig sein soll, berufen wird. Im Sommer erfolgt aller Wahrscheinlichkeit nach die Berufung von LORENZ nach Danzig.

Ferner hat KLEIN von Jemand, der es in der Zeitung gelesen haben will, gehört, dass KOWALEWSKI nach Breslau berufen ist. (!?)

Morgen früh telegraphiren wir Euch hoffentlich Franz glückliche Versetzung. Meine Frau war heute bei ROTTS und fand Franz sehr vergnügt, es gefällt ihm bei ROTTS besonders gut, und meine Frau hat auch den Eindruck, dass ROTTS ihn sehr liebevoll behandeln. Dazu schwärmte sie noch bei ihrer Heimkehr von dem leckeren Bratenduft, der aus ROTTS Küche zum Vorschein kam.

Wir wollen nächsten Donnerstag nach Wiesbaden reisen, ich für mein Teil denke etwa eine Woche dort zu bleiben.

Seid von mir und meiner Frau herzlichst gegrüsst, erholt Euch gut und vergesst nicht

Eure Minkowskis

Die Klexe hat meine Frau gemacht; damit scheint sie das Bestreben kundzutun, demnächst als mein Secretär einzutreten.

Max Planck

William Josiah Gibbs

Göttingen, den 9. September 1906

Lieber Freund,

Eure Karten lasen wir mit grossem Vergnügen, wir freuen uns, dass Ihr so befriedigt seid und begeistern uns an den schönen Bildern auch ohne die dazugehörige Schweizer Luft. Hier bildet sich Jeder, den man trifft und deren giebt es auffallend viele, ein, er wäre allein da und allein fleissig. Zweimal haben auch schon die Kehrspaziergänge stattgefunden. Runge wusste viel Amüsantes aus England zu berichten, auch intimes. Frau J. J. Thomson hält die mathematischen Naturforscher für viel bessere Leute als die biologischen, weil sie öfter in die Kirche gingen, und J. J. Thomson weiss ebensogut zu knieen als Elektronen zu zählen. Für meinen Vortrag habe ich mich zu „statistischer Kinetik" entschieden. Aber ich trage mich noch sehr mit dem Gedanken überhaupt zu striken. Göttingen ist ja in Stuttgart so glänzend vertreten, da darf ich schon ruhig zu Hause bleiben, meine Frau kommt jedenfalls nicht mit. Statistische Kinetik, das soll das Gegenstück zu statistischem Gleichgewicht sein und entspricht so ziemlich dem Gegenstande, den ich schon früher in Aussicht nahm. Dass Boltzmanns Encyclopädieartikel nicht welterschütternd ist, dachte ich mir schon, aber zur Auffrischung etwa verloren gegangener Einzelheiten aus dem grossen MAXWELLschen Bau dürfte er bequem sein. Sehr viel reinlicher als in der kinetischen Gastheorie ist die Anwendung derselben Principien der Wahrscheinlichkeitsrechnung in der Theorie der Wärmestrahlung von PLANCK. Der Ansatz hier ist viel allgemeiner, nicht so mit speciellen Vorstellungen wie den Stössen der Moleküle durchtränkt. Der PLANCKsche Erfolg scheint mir auch viel eindringlicher als die alte kinetische Gastheorie für die grosse Bedeutung dieser statistischen Mechanik, wie GIBBS es nennt, zu sprechen. Ich würde in meinem Vortrage von PLANCK, GIBBS, dem J. J. THOMSONschen Buche, das Du mitgenommen hast, der Anwendung der kinetischen Vorstellungen zur Ableitung des chemischen Massenwirkungsgesetzes und der Gesetze über die Reaktionsgeschwindigkeiten sprechen. Immerhin aber wäre für denjenigen, der die Dinge einigermassen kennt, so wenig Neues dabei, dass ich es schon für richtiger halte, meine frisch erworbene Weisheit in einem Zustande grösserer Reife bei einer späteren Gelegenheit an den Mann zu bringen.

Vor einer Weile habe ich mit NERNST in Bremke telephonirt, den wir heute Abend aufsuchen wollen. Wir hatten vor, Franz mitzunehmen; Franz hat aber unsere Einladung dankend abgelehnt, er ist wohlauf und wird sich infolge HUSSERLS Lehreifer bei Eurer Rückkehr jedenfalls als ein vollkommen durchgebildeter Mathematiker repräsentieren.

Indem ich Euch für den Schluss der Reise noch ebensoviel Schönes wünsche wie bisher, grüsse ich Euch zugleich von Frau und Kindern herzlichst

Euer

H. Minkowski

Viele Grüße für HURWITZens auf Eurer Rückreise.

Göttingen, den 4. Mai 1908

Lieber Freund,

Eben komme ich aus dem Seminar, das nun ebenfalls (mit ca 30 Teilnehmern und TOEPLITZ als einmaligem Ehrengast) in Gang gekommen ist. Ich habe zu-

154

nächst ein provisorisches Menu, das bis etwa Pfingsten reichen kann, entworfen.
Mit Deiner lieben Karte, deren Ton mir recht munter klang, freute ich mich sehr,
und ich hoffe, dass jetzt, wo endlich Frühling ins Land gezogen ist, der letzte
Rest von Beschwerden, die Du noch empfinden solltest, bald verflogen sein wird.
Wir vermissen Dich natürlich alle sehr und auf Schritt und Tritt fehlt Deine trei-
bende Kraft und Dein mitreissender Enthusiasmus. Rom war recht interessant,
und auch gar nicht strapaziös, wie man es sich vielleicht gedacht hatte. Der wissenschaftliche Profit war nicht gross; POINCARÉ erkrankte schon nach den ersten
Tagen, PRINGSHEIM setzt seine Krankheit in die Gleichung um

$$\text{POINCARÉ} = \text{Blaserna} \overset{\text{minus}}{=} \text{Pincherle}$$

(Urinverhaltung). DARBOUX las dann neben seiner eigenen Vorlesung noch die
von POINCARÉ, welche ein ganz schwächlicher Abklatsch Deines Pariser Vortrages war. Ob nun die Mathematik eine Zukunft haben wird oder nicht, ging
aus dem Vortrag nicht hervor. Wir waren auch auf einem Empfangsabend bei
Kehr. Im Übrigen sind die Erlebnisse meist besser zu erzählen als schriftlich zu
berichten. Wenn Du einmal in der Stimmung bist, Dir etwas über Rom oder
Göttingen erzählen zu lassen, brauchst Du mir nur Mittags zeitig telephonieren
zu lassen. Ich finde mich dann mit dem Zuge um $4\frac{1}{2}$ bei Dir ein, um so kurz oder
so lang zu bleiben, wie es Dir recht ist. Allerdings bleiben von freien Tagen wohl
nur Mittwoch und Samstag, (auch Sonntag und Donnerstag!) zur Verfügung. Das
Seminar habe ich vorläufig, da über die Verlegung sich keine Einigung erzielen
liess, auf Montag belassen, und Freitag sind meistens Prüfungen.

Herzliche Grüsse von Deinem treuen

Minkowski

(Postkarte)	Göttingen, den 9. Mai 1908

Lieber Freund, Am Donnerstag ist RUNGE mit 22 St. gegen eine, die auf
SCHWARZSCH. fiel, gewählt worden. Da er erst im Okt. seine volle „Dekanabili-
tät" hat, wird um Dispens beim Minister ersucht werden. — T. wurde allgemein
wegen der Krümmung in der Bahn seiner letzten Transformation auf 10 Jahre
als unmöglich bezeichnet. — HURWITZ schreibt, was sagen Sie zu der unglaub-

lichen Arbeit von LINDEMANN? H. hat ein einfaches Beispiel beim Exponenten 7,
wo wesentliche Behauptungen von L. bereits falsch sind. — Ich komme eben aus
der Gesellschaft d. Wiss., wo 4 zum Teil sehr schwungvolle Gedenkreden statt-
fanden. Es sollten nun die Bestimmungen wegen des WOLFSKEHLpreises publiziert
werden, im letzten Moment aber macht die Frau W. Schwierigkeiten, weil sie auf
die verdrehte Idee gekommen ist, die Ges. wolle den Preis in kleine Preise zer-
stückeln. LEO will weitere Entschliessungen bis zu Deiner Rückkehr vertagen,
KLEIN meint, ich soll noch einmal hinfahren; die Sache fängt an, allen lästig zu
werden. Morgen hoffen wir Deine liebe Frau zu sprechen. Herzliche Grüsse

    von Deinem

        H. Minkowski

(Postkarte)

    Göttingen, den 14. Mai 1908.

Lieber Freund, Wenn es Dir recht ist, besuche ich Dich morgen Freitag Nachmittag um 4 Uhr, wie neulich. Sollte es Dir nicht passen, könntest Du mir vielleicht durch irgend Jemand abtelephonieren lassen (Tel. 325), jedoch schon vor
12 Uhr. — Du kannst mir bei meinem Dortsein Deine Vorlesungsanzeige für
nächstes Semester mitgeben, die Vorbesprechung findet am Sonntag statt. — Ich
könnte auch, wenn Dir dies lieber sein sollte, am Samstag kommen. — Ich bin
zwar diesesmal nicht mit Neuigkeiten so gestopft, werde aber doch versuchen,
möglichst erschöpfenden Bericht über das Verflossene und Bevorstehende (Mittwoch um $12\frac{3}{4}$ kommt der Minister sogar auf das Lesezimmer) zu geben.

    Herzliche Grüsse von Deinem

        H. Minkowski

156

Register

In dieses Register wurden die Namen der in den Briefen erwähnten Kollegen HILBERTs und MINKOWSKIs aufgenommen. Kursive Ziffern bezeichnen die Seiten, auf denen Abbildungen zu finden sind. Leider waren nicht in allen Fällen biographische Angaben zu ermitteln oder wichtige Abbildungen aufzufinden.

GOURSAT, Edouard Jean Baptiste
1858—1936
Französischer Mathematiker, beschäftigte
sich hauptsächlich mit Problemen der
Analysis   115

GUNDELFINGER, Sigmund
1848—1910
Funktionentheoretiker und Geometer   44

GUTZMER, August
1860—1924
Hauptgebiet: Analysis. G. war mehrere
Jahre Schriftführer der Deutschen
Mathematiker-Vereinigung   67, 71, 83,
108, 146

HADAMARD, Jacques
1866—1963
Hauptarbeitsgebiete: Funktionentheorie,
Differentialgleichungen   *114*, 143

HAGEN, Johann Georg
1847—1930
Astronom, Mathematiker und Erfinder.
Schrieb eine „Synopsis der höheren
Mathematik". Seit 1906 Direktor der
vatikanischen Sternwarte   74, *75*

HAMBURGER, Meyer
1838—1903
Schüler WEIERSTRASS', beschäftigte sich
später mit Problemen der Theorie der
Differentialgleichungen sowie mit
philosophischen Problemen   72

HELMHOLTZ, Hermann Ludwig
Ferdinand von
1821—1894
Physiker   39, *40*

HENNEBERG, E. Leberecht
1850—1933
Mechaniker, war als Privatdozent an
der ETH in Zürich, später Darmstadt
44

HENSEL, Kurt
1861—1941
Algebraiker und Zahlentheoretiker
47, 60, 81, 82, 87

HERMITE, Charles
1822—1901
Arbeiten auf den Gebieten der Analysis,
Algebra und Zahlentheorie. H. zeigte
als erster die Transzendenz von *e*   32,
38, 41, *43*, 50, 58, 62, 77, 82, 100, 120, 131

HILBERT, Sigismund
H. promovierte 1900 bei D. HILBERT
über ein zahlentheoretisches Problem   139

HIRSCH, Arthur
1866—1948
Kollege MINKOWSKIS in Zürich,
arbeitete über Differential- und Integral-
gleichungen   94, 127, 147

HOFFMANN, Gerhard
Professor der Physik an der Universität
Königsberg   73

HÖLDER, Otto
1859—1937
Hauptarbeitsgebiete: Analysis, Gruppentheorie. H. war MINKOWSKIS Nachfolger
in Königsberg   84, 90, *93*, 101

HORN, Jakob
1867—1967
Beschäftigte sich vornehmlich mit gewöhnlichen und partiellen Differentialgleichungen   96

HURWITZ, Adolf
1859—1919
Funktionentheoretiker und Algebraiker.
Freund HILBERTS und MINKOWSKIS   34,
36, 37, 38, 42, *43*, 45, 46, 47, 48, 64, 74,
83, 86, 87, 90, 92, 94, 95, 96, 97, 98, 100,
101, 105, 106, 107, 108, 110, 111, 112,
113, 115, 117, 118, 120, 121, 122, 124,
127, 129, 130, 133, 139, 144, 146, 147,
155

WILTHEISS-WOLFSKEHL, Paul
1856—1906
Mathematiker. Stiftete einen Preis für
den Beweis des Großen Fermatschen
Satzes   35, 44, 156

WORONOJ, Georgij F.
1868—1908
Russischer Zahlentheoretiker
(Universität Warschau)   72, 88

ZIGNANO, Italo
*1871
Italienischer Mathematiker, Zahlentheoretiker   54

ZOLOTAREFF   44

Bildnachweis

Deutsches Museum München: William Josiah Gibbs, Otto Hölder, Rudolf Lipschitz, Carl
Neumann, Walter Nernst, Joseph John Thomson, Waldemar Voigt.
Internationale Bildagentur, Oberengstringen/Schweiz: Karl Schwarzschild, Vito Volterra.
Archiv für Kunst und Geschichte, Berlin: Johann Georg Hagen, Sonja Kowalewsky,
Friedrich Schottky, Hermann Struwe, Eduard Study.

David Hilbert
Gesammelte Abhandlungen

2. Auflage in 3 Bänden, die nur zusammen abgegeben werden

Band I: Zahlentheorie
Mit einem Porträt. XVI, 539 Seiten. 1970

Band II: Algebra, Invarianten-theorie, Geometrie
Mit 12 Abbildungen. VIII, 453 Seiten. 1970

Band III: Analysis, Grundlagen der Mathematik, Physik, Verschiedenes, Lebensgeschichte
Mit 12 Abbildungen. VII, 435 Seiten. 1970
Band I—III gebunden DM 98,—; US $ 36.30

Preisänderungen vorbehalten

Rechtzeitig zum Erscheinen der großen Hilbert-Biographie von C. Reid werden durch einen Nach-druck in ihrem ursprünglichen Verlag die „Ge-sammelten Abhandlungen" David Hilberts wieder greifbar. Die erste Auflage war von 1932 bis 1935 unter der maßgeblichen Förderung Ferdinand Springers ebenfalls in drei Bänden erschienen. Hilbert gilt als der bedeutendste Mathematiker der ersten Hälfte dieses Jahrhunderts, und in seinen Arbeiten spiegelt sich der Übergang von der „klassischen" Mathematik zu den modernen Frage-stellungen wider. Von Hilberts Stellung geben auch die in den „Gesammelten Abhandlungen" abge-druckten Übersichtsartikel bedeutender Mathema-tiker, eine Biographie Hilberts von Blumenthal und ein Verzeichnis der von Hilbert vergebenen Disser-tationen beredtes Zeugnis.

Springer-Verlag
Berlin
Heidelberg
New York

Hilbert Gedenk-band

Herausgegeben von Professor
Dr. **Kurt Reidemeister,** Göttingen

Mit 8 Abbildungen und
einer Schallplatte
V, 86 Seiten. 1971
Geheftet DM 22,—; US $ 8.20
Preisänderungen vorbehalten

In glücklicher Ergänzung zu
C. Reids „Hilbert" und zu den
eben erschienenen „Gesammelten
Abhandlungen" wird hier eine
„Hommage à Hilbert" vorgelegt,
die u. a. einen grundlegenden
Aufsatz Reidemeisters und verschiedene Äußerungen Hilberts
selbst enthält, die seine
Stellung innerhalb der
Mathematik und im Kreis der
Kollegen widerspiegeln. Auf
einer beigefügten Schallplatte
ist als einzigartiges Zeugnis
der Persönlichkeit Hilberts
eine von ihm gehaltene Rede
aus dem Jahre 1930 mit dem
Thema „Naturerkennen und
Logik" festgehalten.

Inhalt

Reidemeister: Einleitung

David Hilbert:
Probleme der Grundlegung
der Mathematik
Über den Symbolismus der
Mathematik und
mathematischen Physik
Hermann Minkowski
Adolf Hurwitz
Über meine Tätigkeit in
Göttingen

Sternberger: Nichtwissen

Springer-Verlag
Berlin
Heidelberg
New York

Constance Reid:

Hilbert

By Constance Reid,
San Francisco, CA.
With an appreciation of
Hilbert's mathematical work by
Herrmann Weyl

With 1 frontispiece and
28 illus. XI, 290 pages. 1970
Cloth DM 32,—; US $ 11.90
Prices are subject to change
without notice

1962, zu Hilberts 100. Geburtstag,
erklärte sein Schüler
Richard Courant: „ . . . .ich fühle,
daß die Besinnung auf den
Hilbertschen Geist gerade
heute für die Mathematik und
die Mathematiker von
großer aktueller Bedeutung ist."

Es sind noch viele Angehörige
derjenigen mathematischen
Schule am Leben,
die sich in der Zeit nach
der Jahrhundertwende in
Göttingen um Hilbert und
Felix Klein entwickelte.
Constance Reids Biographie
lebt von der mündlichen
Tradition, die die Einzigartigkeit
dieses ersten mathematischen
Instituts Deutschlands anschau-
lich wiedergibt. Göttingen
wurde später zu einem Mythos
und zum Vorbild von Instituts-
gründungen in aller Welt.
Constance Reid schildert das
Wirken von Hilberts einzig-
artiger Persönlichkeit in dieser
Atmosphäre und die mathematischen Errungenschaften, die
immer mit seinem Namen
verknüpft sein werden.

■ Bitte Prospekte anfordern!